杭州丝绸
认知评价研究

◎ 曹爱娟 著

东华大学出版社
·上海·

内 容 提 要

本书以"杭州丝绸"作为研究对象,从社会认知评价的视角出发,采用扎根理论研究方法,分析杭州丝绸整体评价的构成维度,并考察整体评价的影响因素与作用效果,构建杭州丝绸认知评价影响机理模型;运用实证分析,检验与改进杭州丝绸认知评价影响机理模型;运用比较分析法,对比趋近型群体与趋远型群体对杭州丝绸的认知评价差异;最后,结合实证分析结果与访谈资料,有针对性地提出提升杭州丝绸整体评价的相关建议。

本书内容丰富翔实,由浅入深,适合纺织服装专业的高校学生和科研人员,以及丝绸从业人员、丝绸爱好者阅读。

图书在版编目(CIP)数据

杭州丝绸认知评价研究 / 曹爱娟著.—上海:东华大学
出版社,2022.1
ISBN 978-7-5669-1923-6

Ⅰ.①杭…　Ⅱ.①曹…　Ⅲ.①丝绸—评价—杭州
Ⅳ.①TS146

中国版本图书馆 CIP 数据核字(2021)第 127015 号

责任编辑：　张　静
封面设计：　魏依东

出　　　　版:东华大学出版社出版(上海市延安西路 1882 号,200051)
本 社 网 址:http//dhupress.dhu.edu.cn
天猫旗舰店:http//dhdx.tmall.com
营 销 中 心:021-62193056　62373056　62379558
印　　　　刷:句容市排印厂
开　　　　本:787 mm×1092 mm　1/16
印　　　　张:10.5
字　　　　数:230 千字
版　　　　次:2022 年 1 月第 1 版
印　　　　次:2022 年 1 月第 1 次印刷
书　　　　号:ISBN 978-7-5669-1923-6
定　　　　价:79.00 元

前　　言

近年来,在国家提出"一带一路"倡议、国际丝绸联盟落户杭州,以及"杭州丝绸"荣获中国国家地理标志产品保护称号等影响下,杭州丝绸不仅作为一种纺织服饰产品深受消费者的青睐,而且逐渐成为一种社会现象受到人们的广泛关注。但是,受到主观个体因素和客观环境因素的诸多影响,人们对杭州丝绸存在不同的认知评价。在以杭州丝绸作为城市金名片、城市旅游作为经济主导的杭州社会人文环境下,构建科学、有效的杭州丝绸认知评价体系,能够为衡量现阶段杭州丝绸产业发展与品牌塑造提供新的视角和维度,对于提升杭州丝绸的整体形象和扩大杭州丝绸消费具有重要的现实意义。

在这种时代背景下,本书借鉴相关文献,界定了杭州丝绸的内涵;运用质性分析-扎根理论研究,从文本资料中析出人们对杭州丝绸的认知内容、评价指标,以及整体评价的构成维度和作用结果,并分析它们之间的相互作用关系以构建杭州丝绸认知评价影响机理模型;运用实证分析-结构方程模型,检验与改进模型;运用比较分析法,对比趋近型群体与趋远型群体对杭州丝绸的认知评价差异;最后,结合实证分析结果与访谈资料,有针对性地提出提升杭州丝绸整体评价的建议。

本书得出的主要结论:

(1) 杭州丝绸的内涵。本书通过文献梳理界定杭州丝绸的内涵:生产加工地、品牌注册地或者关键工艺制造地在杭州的丝绸产品,包括丝绸面料、丝绸服装、丝绸服饰、丝绸家纺产品(含蚕丝被)、丝绸工艺品和丝绸文创产品等,其原材料以蚕丝纤维为主(蚕丝纤维含量≥50%,不包括缝纫线等辅料)。

(2) 杭州丝绸认知评价影响机理质性分析。运用扎根理论-质性分析方法,展开杭州丝绸认知评价社会调查,收集访谈资料;采用 NVIVO 软件分析质性资料,从中提取并归纳出七项作用于杭州丝绸整体评价的影响因素,包括产品知识与关联信息两项个体层面的因素,产品表现、服务表现、品牌表现、社会责任与文化内涵五项环境层面的因素;探明了杭州丝绸整体评价的构成维度,包括情感倾向与理性认知两个维度;确定了杭州丝绸整体评价的产出绩效,即民众趋近或规避杭州丝绸的行为意愿。根据数据编码,推导出杭州丝绸认知评价影响机理模型。

(3) 杭州丝绸认知评价作用机制实证分析。基于质性分析结果,回顾了认知理论与声誉理论等基础理论;设计杭州丝绸认知评价调查问卷,展开社会调查,收集标准化的定量资料;根据调研样本数据,借助 SPSS 和 AMOS 等统计分析软件,运用因子分析、相关分析及结构方程模型等手段,对质性分析获得的杭州丝绸认知评价影响机理模型及相关假设关系进行验证与简化:①产品知识、关联信息、社会责任和文化内涵等通过情感倾向的中介作用,间接、正向作用于行为意愿;②产品表现、服务表现和品牌表现通过情感倾向和理性认知的中介作用,间接、正向影响行为意愿;③产品表现、品牌表现和服务表现直接、正向作用于行为意愿。

(4)杭州丝绸认知评价体系构成。基于质性分析与实证检验结果,该体系包括两个层面(个体层面和环境层面),七个影响因素(产品知识、关联信息、产品表现、品牌表现、服务表现、社会责任和文化内涵),22个认知内容(专业知识、经验知识、信息获取渠道、行业企业推介、媒体舆论导向、质量、设计创新能力、性能、价格、服务专业、服务周到、售后保障、服务态度、店铺形象、品牌定位、形象识别、消费者责任、环境保护责任、文化传承责任、历史属性、文化寓意和文化载体),以及对应的28个评价指标。

(5)群体差异下的杭州丝绸认知评价。根据杭州丝绸整体评价的作用结果——行为意愿,将被调查者分为趋近型群体与趋远型群体;通过对比分析,找出两类群体对杭州丝绸认知评价差异明显的变量与测量指标,并结合访谈资料和调研数据分析其产生的原因。结果显示,趋近型群体对杭州丝绸认知评价的均值高于趋远型群体,具体表现:①产品知识变量中的"性能特点"与"购买使用经验"比较差异明显,其根源在于趋远型群体对于丝绸面料的热湿舒适性、保健功能、抗皱性、勾丝纰裂性能和使用便利性等属性认知不充分,且购买和使用经验明显少于趋近型群体;②关联信息变量中的"信息渠道便捷性"与"媒体舆论导向"比较差异明显,其根源在于电子媒介及口碑传播的影响,以及负面媒体报道的影响;③产品表现变量中的"高质量""设计创新能力""性能""性价比"这四项指标比较差异明显,其根源主要在于对丝绸制品蚕丝纤维含量的错误认知,以及趋远型群体对色牢度、时尚感、设计感、创新性和价格公正等属性的认知不充分;④服务表现变量中的"周到性"与"保障性"比较差异明显,其根源在于对个性化定制、产品使用说明提供等需求,以及对售后保障的不确定性;⑤品牌表现变量中的品牌图标"易识别性"比较差异明显,具体表现为民众知晓知名的杭州丝绸企业品牌,但不能辨别品牌商标,而且,对于代表产品质量的杭州丝绸国家地理标志和高档丝绸标志,民众知晓率很低,其根源在于宣传推广不到位、民众产品知识匮乏;⑥社会责任变量中的"维护消费者权益"比较差异明显,其根源在于产品标识信息、店员提供信息的可靠性与真实性。此外,两类群体对杭州丝绸认知评价差异最小的变量是文化内涵,比较差异较小的测量指标有"品牌多样性""重视环境保护""历史悠久性"等。

最后,基于杭州丝绸认知评价影响机理所揭示的规律,结合访谈资料和群体差异下的杭州丝绸认知评价分析所发现的问题,本书提出了提升杭州丝绸整体评价的相关建议:①以专业知识普及与使用习惯养成为切入点的产品知识科普策略;②以意见领袖带动与信息平台建设为切入点的关联信息畅通策略;③以自然属性应用开发与设计创新能力提升为切入点的产品开发策略;④以周到性服务体系构建和保障性服务制度建立为切入点的服务提升策略;⑤以实施高端品牌发展与重拾国家地理标志牌子为切入点的品牌建设策略;⑥以维护消费者权益为切入点的社会责任感培育策略;⑦以文化认同度提升为切入点的文化引领策略。

著 者
2020年11月

目　　录

1 导论

随着我国国民经济的快速发展,人们的生活品质普遍提高。崇尚绿色、回归自然的健康生活方式,引导人们对服装、服饰材料产生了更高的追求。蚕丝作为绿色环保的天然纤维之一,以其细长、柔软、生态、环保等优良特质在众多纺织纤维中独树一帜、备受青睐,被纺织业界誉为"纤维皇后",成为服装、服饰、家纺等领域不可替代的高级纺织原料。以蚕丝纤维为主材质生产的各种丝绸产品深受人们的喜爱。

杭州丝绸产业历史悠久,声名远扬,曾经创造过中国丝绸的辉煌,如今依然担当着发展中国丝绸的重任,业界称"世界丝绸看中国,中国丝绸看杭州",杭州丝绸在丝绸业界拥有良好的声誉。作为杭州地区的传统支柱性产业,杭州丝绸产业在漫长的历史发展过程中,形成了非常完整的产业链,覆盖了农(种桑养蚕)、科(研发设计)、工(缫丝织造、印花染色)、产(生产制作、丝绸机械)、贸(贸易会展)等各个环节。产业的高度集中化、区域化与专业化,关联资源相继汇聚、产业基础逐步雄厚、市场辐射日渐强劲,杭州丝绸产业在行业中的优势越发凸显,在助推中国由"丝绸大国"逐步走向"丝绸强国"的进程中举足轻重。

2011年,杭州丝绸荣获中国国家地理标志产品保护称号;2013年,我国提出建设"一带一路"的构想,让丝绸与"丝绸之路"的概念再度走进人们的视野;2015年,国际丝绸联盟落户浙江杭州……杭州,作为"丝绸之府"及古"丝绸之路"的重要节点,既是世界古代丝绸的发源地,也是国内现代丝绸发展的领跑者,杭州与丝绸的渊源甚是紧密。

杭州丝绸,是一个老生常谈的话题,大量出现在近现代的普及读物、网络平台、商场店面甚至文献资料中。但是,究竟什么是杭州丝绸?不仅学术文献中没有明确的定义,人们也没有形成统一的认识。因此,本书以杭州丝绸作为研究对象,以扎根理论研究方法作为指导,以调研访谈资料作为数据来源,通过随机抽样,探索与分析社会认知视角下的杭州丝绸。

本书在确立研究内容之前,做了关于杭州丝绸评价的预调研。该调研以随机访谈为主,请受访者简述对杭州丝绸的看法及原因。

调查结果显示:①65％的受访者对杭州丝绸持积极认可的态度,主要原因在于杭州丝绸产业悠久的历史文化感,以及丝绸制品卓越的使用性能;②21％的受访者提出,不确定杭州丝绸指什么,说明杭州丝绸虽然提得多,但仍旧是一个比较模糊的概念,深入研究之前需要予以界定;③12％的受访者认为杭州丝绸不好,其中,提到最多的原因是产品"老气""缺少设计感",市场上"鱼龙混杂,真伪难辨""价格虚高",以及媒体"关于丝绸产品掺假使杂的负面报道",这些都影响了人们的判断等。

从预调研结果可以看出,质量、性能、设计、历史、文化、媒体报道等是人们认知评价杭州丝绸的重要内容。那么,人们还会通过哪些内容认知杭州丝绸,借助哪些指标评价杭州丝绸,以及评价的结果是怎样的? 这对于杭州丝绸产业发展有何启示意义? 正是源于对这些问题的兴趣和思考,笔者产生了写作本书的初衷。

1.1 研究目的与意义

1.1.1 研究目的

目前,关于丝绸认知、评价方向的研究,已经有部分学者做过零星的探索,但是,尚未形成系统的认知评价体系。在丝绸行业发展前景良好及产品需求持续提升的时代背景下,本书从社会认知的视角着手,探寻杭州丝绸的本质内涵,研究人们对杭州丝绸的认知内容、评价指标,分析提升杭州丝绸整体评价的方法,这对于杭州丝绸的新产品开发、原产地品牌建设和产业发展规划都具有一定的现实意义。

因此,本书的研究目的重在明确杭州丝绸的内涵,探寻杭州丝绸整体评价的构成维度和影响因素,分析人们认知评价杭州丝绸的具体内容与评价指标,构建杭州丝绸认知评价体系,并对比分析不同群体对杭州丝绸的认知评价差异及其原因,结合研究结论所揭示的规律和调研访谈过程中所发现的问题,为杭州丝绸的发展提供思路与策略。

1.1.2 研究意义

从理论价值来说,本书的主要贡献在于,探索并构建了杭州丝绸认知评价影响机理模型,丰富与拓展了丝绸领域的研究范畴。

杭州丝绸作为全国第一个成功申请国家地理标志保护称号的地方丝绸产品,在丝绸文化、品牌建设和产业发展等方面都具有一定的典型性与代表性,因此,杭州丝绸认知评价作用机制的确立及杭州丝绸内涵的界定,对于其他地方丝绸、中国丝绸的相关研究具有一定的参考意义。

从应用价值来说,杭州丝绸认知评价体系的建立,可以为人们更全面、直接地了解杭州丝绸提供指导,为丝绸产品的创新设计与开发提供信息,为企业的丝绸品牌发展与服务提升提供依据;同时,本书较完整地呈现了杭州丝绸在当代民众心目中的形象,以及消费和使用过程中存在的问题,能够为丝绸科技研究人员和机构提供丰富的一手数据资料,为衡量现阶段杭州丝绸产业发展与品牌塑造提供新的视角和方向。

此外,在企业生产与市场销售中,关于"真丝绸"的争议从未间断过。广义上的丝绸,其原材料不局限于蚕丝纤维,但是,根据国家标准、学术文献及约定俗成的行为规则,本书对杭州丝绸产品中的蚕丝纤维含量做了明确界定,这对于企业生产有一定的借鉴意义,对于民众正确认知与客观评价杭州丝绸也具有一定的引导作用。

1.2　主要内容

国内外关于丝绸的学术研究颇为丰富,特别是在历史文化、织染工艺、产品特性、品牌塑造,以及产业发展等视角的研究已经比较深入,但是鲜有学者从社会认知评价的角度展开系统性、理论性的研究。丝绸作为我国的国粹之一,承载着人们对传统文化的精神寄托和对品质生活的价值追求,随着社会关注度的日益提升,社会认知研究应当引起学术界足够的重视。这也是本书试图深入研究的方向。

1.2.1　杭州丝绸内涵的界定

关于杭州丝绸的内涵,鉴于其特殊的物质、地理和文化属性,虽然业界存在一定的共识,但是尚未形成统一的界定。本书分别从学术文献、行业标准和社会认知等三个方面入手,分析杭州丝绸的内涵和意义。

通过纵向的历史文献研究,梳理出文献史料中关于“杭州丝绸”名称的相关记载和意义;通过学术论文、行业标准和技术标准等资料,梳理出文献资料中关于“杭州”与“丝绸”的范畴的界定;通过调研访谈,了解民众对“杭州丝绸”形成的固有观念。综合上述三个角度的分析与归纳,本书对杭州丝绸的内涵进行了明确界定。

1.2.2　杭州丝绸认知评价作用机制研究

作为研究的主体部分,这项内容包括杭州丝绸认知评价影响机理模型的构建与验证,并且结合质性分析与实证分析的研究结果,确立了杭州丝绸认知评价体系。

在质性研究阶段,笔者通过“对杭州丝绸的认知评价”这一主题所进行的访谈,收集了较为丰富的访谈资料;通过逐级编码分析,揭示出“质量”“品牌定位”“历史属性”等一系列的认知内容和“高质量”“多样性”“悠久性”等对应的评价指标,提炼出与杭州丝绸认知评价密切相关的九个主范畴,通过分析九个主范畴之间的相互作用关系,初步构建了杭州丝绸认知评价影响机理模型,并根据各主范畴之间的典型关系提出了相关假设。

在实证分析阶段,借助结构方程模型与相关分析等方法,验证了杭州丝绸认知评价影响机理模型及相关假设,明确了整体评价、影响因素和结果性指标之间的作用机制,对杭州丝绸认知内容与评价指标进行了简化。最后,结合质性研究结果中的编码情况,从中析出杭州丝绸认知评价体系。

1.2.3　群体差异下的杭州丝绸认知评价

运用实证研究阶段收集的定量资料,根据对杭州丝绸整体评价的结果行为意愿,将被调查者分为“趋近型”与“趋远型”两类群体。对比两类群体对杭州丝绸的认知评价差异明显的具体指标,结合访谈资料和调研数据分析差异产生的原因。

1.2.4 提升杭州丝绸整体评价的建议

基于杭州丝绸认知评价作用机制揭示的规律，结合调研访谈所发现的问题，从社会认知评价的视角，有针对性地提出提升杭州丝绸整体评价及促进杭州丝绸产业发展的相关建议。

本书研究内容及路径如图 1-1 所示。

1.3 研究方法

本书从社会认知评价视角出发，综合运用了文献研究、扎根理论研究、量化研究和比较研究等相结合的方法。

1.3.1 文献研究

文献回顾是科学研究的基础。本书中，文献研究方法的运用贯穿研究始终，但是，对于相关理论的回顾遵从经典的"扎根精神"，将认知评价理论回顾推迟到杭州丝绸认知评价影响机理模型构建之后，具体运用如下：

首先，在研究的起始阶段，运用文献研究法，梳理与分析丝绸认知、评价领域的相关资料，为研究问题的提出与访谈提纲的明确奠定了基础；第 2 部分，梳理历史文献、国家标准与行业标准等资料中杭州丝绸、丝绸与原产地的相关记载与规定，对本书中杭州丝绸的内涵进行界定；第 3 部分，采用文献研究与质化研究相佐证的方法，将已有文献作为扎根研究数据资料的一部分，以补充具备相关专业知识的学者对杭州丝绸的认知评价情况，以及在三级编码完成之后，通过查阅文献，对质性资料中提取的产品知识、关联信息、质量表现等十个主范畴进行学术定义；第 4 部分，在实证分析阶段，通过文献研究，回顾认知理论、声誉理论等相关理论基础，提取产品知识量表、质量表现量表、服务表现量表等相对成熟的测评量表，为杭州丝绸认知评价作用机理的验证提供理论支撑。

本书中所运用的文献资料主要包括专著、期刊、报纸及相关标准和重要的丝绸会议资料等。

1.3.2 扎根理论研究

扎根理论研究是质化研究领域中一种科学有效的研究方法[1]，其核心内容是"从原始资料入手，从现象中生成与发展理论"。

本书采用扎根理论研究，从文本资料中提取民众对杭州丝绸认知评价的关键词汇，通过分析与归纳，形成初始范畴、子范畴、主范畴和核心范畴，再探寻它们之间的相关关系[2]，从而逐步推导出杭州丝绸认知评价作用机理。

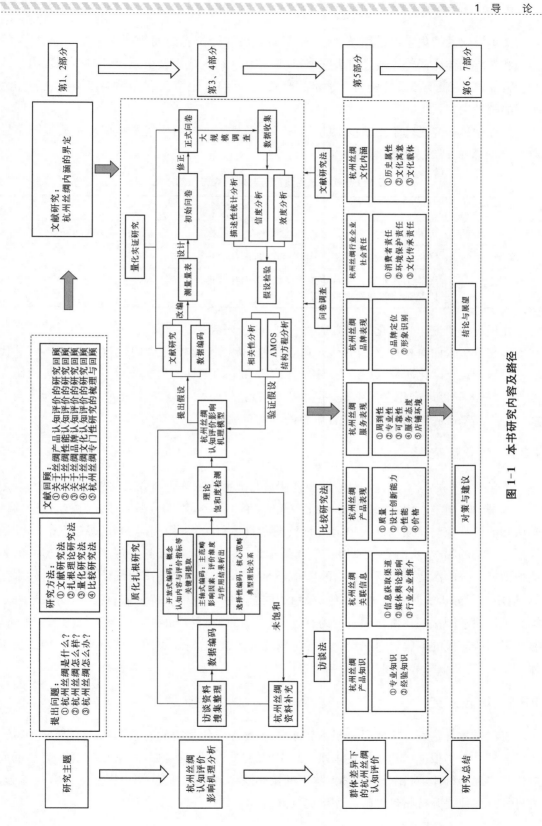

图 1-1 本书研究内容及路径

文本资料的搜集主要采用访谈法,包括研究者与受访者的面对面深度访谈、网络在线访谈和焦点团体座谈等。通过口头交流,收集民众在讨论或提及杭州丝绸时所表现出来的心理特征、行为表现等质性资料。学术文献资料、网络评论资料和相关会议文献资料作为本书的辅助性资料。

扎根理论研究是基于归纳技术的质性分析。表1-1归纳比较了扎根理论研究与定性数据分析、案例研究及民族志的区别。

表1-1　扎根理论研究与其他研究方法的对比

研究方法	研究特点
定性数据分析	定性数据分析关注精确性和验证核查,而扎根理论研究关注自然呈现和发现
案例研究	案例研究很少采用不断比较的方法,而扎根理论研究在不断比较中提升
民族志	民族志强调对某一特定地点的解读,而扎根理论研究既可以是本地的和实指的,又可以是延伸的和形式的理论成果

扎根理论研究作为质化研究方法之一,能够为研究提供丰富的一手数据和经验资料,在探索与分析人们对杭州丝绸的认知内容、评价指标及整体评价的过程中具有不可替代性;但是,相比于量化研究,它存在一定的主观性和不确定性。为了充分发挥扎根理论研究的优势,最大限度地避免它的不足,本书采用三角互证法,比较访谈数据、学术文献与会议文献等不同来源收集的信息,以确保资料的真实有效性。

1.3.3　量化研究

量化研究是数据采集、数据处理、验证假设与解释理论等研究方法的总称。

本书的三个核心内容都运用了量化研究法:第3部分,质性分析阶段,将杭州丝绸的社会认知评价现象与民众趋近或趋远杭州丝绸的具体行为,采用编码的方式展现出来,并统计了各范畴的频次,从而量化地构建了产品知识、关联信息和服务表现等各主范畴的编码框架图;第4部分,实证分析阶段,采用问卷调查法,广泛收集杭州丝绸认知评价的样本数据,运用因子分析法对变量进行降维、采用结构方程模型分析法验证假设关系,从而进一步检验了杭州丝绸认知评价作用机理的有效性;第5部分,不同群体对杭州丝绸的认知评价,参考了访谈阶段的编码资料和量化研究阶段的调研数据,对比不同群体对杭州丝绸的认知评价差异,为获取深入详尽的研究结论提供支撑。

1.3.4　比较研究

有比较才有鉴别。比较研究是认识事物本质特征和规律的有效方法,也称比较分析、对比分析。本书根据杭州丝绸整体评价的作用结果——行为意愿,将被调查者分为趋近型群体与趋远型群体,对比分析群体差异下的杭州丝绸,找到人们认知不充分的内容与指标,为有针对性地提升杭州丝绸整体评价提供方向。

1.4　相关研究现状分析

为了深入地了解丝绸认知评价领域的研究基础与最新进展,笔者通过浙江省图书馆、杭州图书馆和中国丝绸博物馆等,查找与阅读纸质版书籍专著与期刊;通过中国知网(CNKI)、维普网、万方数据知识服务平台、中国丝绸标准网、Elsevier/Science Direct、Ebsco、Springer link、Proquest 等国内外电子数据库,查找和阅读各种文献资料,并利用CiteSpace软件协助梳理与分析电子文献。根据研究主题的相关性,笔者分别从产品、性能、品牌和文化四个方面综述丝绸认知评价研究进展,最后简要回顾并梳理杭州丝绸的相关研究。

1.4.1　关于丝绸产品认知评价的研究

贾君君等[3]、张晓夏[4]、岳静等[5]通过实证研究,验证了将认知行为学的方法应用于丝绸面料的视觉、触感等认知评价研究中的可行性与有效性。黄小敏等[6]、Sun 等[7]和陈文虎等[8]通过市场调研和数据分析发现,影响消费者对丝绸产品认知的因素主要有自然、社会、文化、哲学等外在环境因素,款式、形象、时尚性等产品外观因素,以及质量、价格、品牌、功能等产品内在因素。沈锦玉等[9]以蚕丝被的质量评价为研究主题,从纺织品检测机构的视角,分析了蚕丝被质量评价的专业方法和测量指标,并为消费者提供了简单、快速地鉴别蚕丝被质量的方法。柳小芳等[10]以丝绸服装的感知质量为研究对象,得出影响丝绸服装感知质量的因素有产品内在的舒适、外观、牌证和精细,以及产品附属的商场、保障和外部。徐强等[11]以丝绸服装设计为具体切入点,研究得出影响认知的主要因素包括丝绸服装的面料、款式、结构和工艺。罗晓文等[12]研究了消费者对丝绸产品的实体终端和线上终端两种营销渠道的认知差异,结果显示:对于丝绸制品,线上终端的整体认可度偏低,其原因在于视觉体验、口碑文化、产品附属、价格服务等七项因素的影响作用。高颖[13]研究了丝绸产品感知价值的驱动要素,主要包括品质、服务、特性、体验、价格、外观、归属和口碑。笔者将丝绸产品认知评价的相关研究成果归纳于表1-2中。

表1-2　丝绸产品认知评价相关研究

研究视角	调查对象	相关研究结果	参考文献
丝绸产品整体认知	消费者	影响因素:自然、社会、文化和哲学	文献[7]
		影响因素:质量、价格、外观、品牌、时尚	文献[8]
丝绸面料视觉评价	大学生	展示方式影响丝绸的视觉认知评价	文献[3]
丝织物手感	消费者	探索了织物手感主观感受的客观生理指标的表征方法,使织物手感评价科学化、系统化	文献[4]
丝绸面料触感	女研究生	认知行为学的方法适用于织物触感评价	文献[5]

（续表）

研究视角	调查对象	相关研究结果	参考文献
丝绸礼品认知	消费者	影响因素:外在、质量、形象、文化、功能	文献[6]
丝绸服装感知质量	消费者	影响因素:舒适、牌证、外部、精细、商场、外观、保障	文献[10]
丝绸服装设计认知	消费者	影响因素:面料、款式、结构、工艺	文献[11]
蚕丝被质量评价	—	影响因素:内在质量、外观质量和工艺质量	文献[9]
丝绸产品营销渠道认知	消费者	影响因素:视觉体验、口碑文化、产品附属、价格服务、产品性能、基本属性、售后保障	文献[12]
顾客感知价值	消费者	影响因素:品质、服务、特性、体验、价格、外观、归属、口碑	文献[13]

总体来看,上述文献对于丝绸产品认知评价的研究集中在丝绸消费领域,具有以下特征:

(1) 研究视角比较广泛,从综合层面对于丝绸产品的整体认知,到具体层面对于指定类别产品的认知(如丝绸服装、丝绸礼品、蚕丝被等),再到丝绸产品指定属性的认知(如质量、设计、营销渠道、价值等),都有一定的研究支撑。

(2) 在研究方法上,基本采用了问卷调查法和主观评价法,通过随机抽样的方式开展研究。

(3) 调查对象比较单一,几乎都选择了消费者,建立的是丝绸产品与消费者购买决策之间的关联。

现有研究的局限性在于:

(1) 问卷调查法将被调查者对丝绸的认知与评价,制约在既有问题的范围内,难以挖掘新的认知因子,以及认知评价现象背后的深层次原因。

(2) 调查对象的选择比较单一,消费者缺乏丝绸产品的相关知识,由于知识结构的制约,调查结果容易受到刻板印象和外界舆论等因素的干扰,认知评价结果不够客观、全面。

例如,对于"丝绸易皱"这一属性的认知,绝大多数消费者将其当作丝绸产品的质量问题不予认可;但是,有些丝绸从业人员将"易皱"看作丝绸面料的天然属性,说明生产环节健康环保——经过抗皱整理的丝绸产品可能含有对人体有害的化学成分,而且整理加工在一定程度上破坏了蚕丝织物自身的健康环保功能。

关于蚕丝织物服用性能的认知评价与蚕丝织物的产品知识关联密切,这部分学术成果主要源于实验室进行的真人穿着试验,其研究方法和研究成果与丝绸消费领域存在较大区别,所以,本书单列小节做进一步的梳理与回顾。

1.4.2　关于丝绸性能的研究

丝绸在民众心目中的首要用途是服用面料,因此,民众对丝绸的认知离不开对丝绸面料服用性能的认知。丝绸面料服用性能特点主要体现在舒适性、美观性、耐用性、保健性和使用便利性等,其相关研究概述如下:

1.4.2.1　舒适性能

服装舒适性是人体、环境与服装三方相互作用的结果。

目前,关于服装舒适性的研究视角主要集中在五个视角:从服装材料热湿传递性能出发的热湿舒适性、从织物性能出发的接触舒适性、从服装款式造型出发的结构舒适性、从人体工学角度出发的运动舒适性和从心理学角度出发的视觉舒适性等[14-17]。此外,研究还涉及生理舒适性、心理舒适性、卫生舒适性、压力舒适性和服装微气候等概念,这些概念与上述五种研究视角在一定程度上存在交叉。

(1) 服装舒适性测评方法。服装舒适性的评价方法,目前主要有主观评价法与客观评价法两种。主观评价法,也称为心理评价法,一般通过实验室真人穿着试验,测试人体的主观感受,常规的评价指标有热湿感、触觉感和总体舒适度等。客观评价法,也称为客观试验法,主要包括仪器评价法与生理学评价法两种:仪器评价法采用专业的仪器设备,测试舒适性的各项性能指标,常规评价指标有传热系数、透湿性和透气率等[18];生理学评价法的常规评价指标有代谢热量、出汗量和心率等。

服装舒适性的评价方法与评价指标的相关研究如表 1-3 所示。

表 1-3　服装舒适性的评价方法与评价指标

评价方法		评价指标	参考文献
主观评价法即心理评价法		热湿感、透气性、温暖感、干爽感、触觉感、压力感、粗糙感、刺痒感、柔软感、黏体感、闷热感、视觉美感、垂感、服装社会功能、总体舒适度等	文献［14］、文献[19]、文献[20]、文献[21]
客观评价法即客观试验法	生理学评价法	体温、代谢热量、出汗量、心率、血压等、力学性能、热湿和表面性能	文献［14］、文献[21]、文献[18]
	仪器评价法	热阻、克罗值(隔热值)、导热系数、透湿指数、接触冷感、透气率、透湿量、回潮率、芯吸高度、蒸发率、保水率	文献［19］、文献[20]、文献[21]

(2) 蚕丝织物舒适性测量指标。袁观洛等[22-23]通过对比试验,证实了蚕丝织物具有良好的服用特性,并揭示了蚕丝织物穿着舒适的内在原因。李栋高等[24]分析了服装微气候区的特征,证实了真丝绸热舒适性的各项参数均居较优水平。杨明英[25]采用电子显微镜观察法与比较法研究丝绸服饰的舒适保健功能。周建仁等[18]以印花真丝织物床上用品为研究对象,采用 YG606G 型热湿阻测试仪做实验,证明真丝绸具有良好的隔热性与透湿性。储呈平等[26]将蚕丝被与羽绒被、羊毛被等被类产品的性能进行对比,发现蚕丝被的保暖性能、

透气性能、吸湿性能、柔韧性能、人体亲和性能、防霉防菌性能等均居于首位。

蚕丝织物舒适性的相关研究如表 1-4 所示。

表 1-4　蚕丝织物舒适性的相关研究

研究方法	研究结果	参考文献
仪器测试法 比较法	蚕丝织物具有较好的保暖性和隔热防暑作用	文献[22]
仪器测试法 比较法	蚕丝织物具有吸湿好、放湿快、吸水量大的特性	文献[23]
定性分析 定量分析	织物舒适性指标:透气性、透湿性、吸水率、导热系数和散湿率	文献[27]
仪器测试法	真丝绸热舒适性的各项参数均居较优水平	文献[24]
电镜观察 比较法	调节服装微气候最重要的因素是纤维的吸湿性、放湿性	文献[25]
比较法	蚕丝被的保暖性、透气性、吸湿性、柔韧性、人体亲和性、防霉防菌性等均居于首位	文献[26]
比较法 仪器测试法	心理舒适包括色彩、光泽、款式与环境的适合性;生理舒适包括导热性、吸湿性、透气性、保暖性、柔软性、伸缩性、静电性、服装压力	文献[28]
仪器测试法 比较法	湿舒适性相关指标:吸湿性、透湿性、导湿性、保水性、散湿性	文献[29]
仪器测试法 问卷调查	真丝绸具有良好的隔热性能、透湿性能,相对于棉织物,在保暖性和透湿性上具有明显优势,具有良好的使用舒适性	文献[18]

从表 1-4 可见,蚕丝织物舒适性主要体现在吸湿性、散湿性、透气性、导热性与保暖性、刚柔性、亲肤性七个方面,属于狭义上的服装舒适性内涵。

这些研究成果为本书开发丝绸面料产品知识水平测评量表奠定了基础。

1.4.2.2　美观性能

服装美观性,即服装的外观效果,从服装心理学的角度来说,包含良好的视觉特性与触觉特性,反映在服用面料上,就是要拥有良好的外观形态与力学性能。

服装美观性的评价多数借助主观意识判定,但是,由于不同个体的评价标准与穿着喜好各异,其评价方法至今仍是服装研究领域的一个薄弱环节[30]。

蚕丝织物的美观性能主要源于其光泽、悬垂性、抗皱性及抗起毛起球性等。光泽,指织物的外观色泽,受纤维形态、纱线结构、织物组织及整理方法等多方面的影响。

丝绸面料之所以具有良好的视觉美观性,是由桑蚕丝纤维的结构特征决定的:桑蚕丝纤维具有近似三角形的截面形态和层状结构,照射到丝织物上的光线经过多层反射,反射光线又互相干扰,从而产生优美而柔和的光泽感。悬垂性是影响服装外观美感的重要因素,指织物在自然悬垂下能形成平滑和曲率均匀的曲面的特性[31]。丝绸面料悬垂性良好,穿着合体贴身,无架子感,容易在人体表面形成优美的曲面造型。抗皱性是织物抵抗外力揉搓引起的弯曲变形的能力,真丝绸面料在穿着和使用过程中,容易产生大量不规则的折痕,严重影响服装的外观效果及品质[32]。蚕丝是长纤维,纤维之间的抱合作用比较强,而且,蚕丝纤维表面的丝胶有一定的黏性,因此,真丝绸面料不易起毛起球。

1.4.2.3　耐用性能

耐用性是织物抵抗损坏的能力。常见的织物耐用性指标有耐光性、耐洗性和耐磨性等。就蚕丝织物而言,耐用性的关注点在耐光性、勾丝纰裂性能、色牢度和尺寸稳定性等。

真丝绸的耐光性很差,具体表现为日晒容易导致蚕丝织物发黄、脆化,这是由于大气环境中的氧化剂或紫外线使蚕丝泛黄、裂解或强度降低而产生的。在天然纤维中,蚕丝纤维的耐光性最差。蚕丝织物易勾丝纰裂,这是由于蚕丝纤维表面平滑,纤维之间的摩擦系数小,受力时容易滑移,直接影响织物的使用性能;同时,在洗涤过程中,揉搓、拧绞等作用都会导致丝绸面料纰裂,尤其是缝口部位。色牢度较低。在传统的丝绸印染工艺中,一般采用直接、酸性和中性染料,色牢度勉强达到 3 级,在服用过程中,表现出影响使用性能的问题,如不能与其他服装一起洗涤、易褪色及日晒色牢度差等[33];但是,在现代的丝绸印染工艺中,采用活性染料,蚕丝织物的色牢度已经比较稳定。尺寸稳定性差,这与蚕丝纤维良好的吸水性能有关,表现为水洗后容易缩水,使外形发生变化。

1.4.2.4　保健性能

蚕丝织物对于人体皮肤具有良好的保健功能,这源于蚕丝纤维特殊的物理构造和化学结构[34]。蚕丝织物的保健功能主要表现在防御紫外线辐射、抗菌与抑菌和滋润护肤等方面,相关研究根据蚕丝织物的不同功能概述如下:

刘慧等[35]、冷绍玉[36]、万琼等[37]认为,蚕丝织物能够反射与吸收紫外线,从而防止和减少紫外线对人体皮肤的刺激。何中琴[38]认为,蚕丝纤维具有高达 38% 的孔隙率,这使得真丝织物具有较高的吸附功能,能够吸收空气中的有害成分,如氨气、甲醛、SO_2,以及烟草烟雾中含有的致癌物质等,从而为皮肤提供安全洁净的环境。

汪学骞等[39-40]、杨明英[25]通过对比试验,分别从“抑制人体与织物滋生的菌种”“阻止外界的菌种透过织物”“杀死病原菌”三个方向,验证真丝服装的抑菌、抗菌性能,从而提出,贴身穿着真丝服装能够有效预防、缓解皮肤瘙痒的症状。许才定等[41]从蚕丝纤维的多孔疏松、亲水基团(—OH、—COOH、—NH$_2$ 等)等特殊的物理结构及化学结构分析,认为蚕丝织物具有卓越的服装微气候调节功能;杨明英[25]进一步提出,蚕丝织物利用其特殊的物理结构吸收汗液并将其快速排出,能够防止螨虫和霉菌滋生。

陆蔷薇[42]、顾金山[43]认为,蚕丝织物中的丝素含有多种对人体有益的氨基酸,可通过自身机制提高人体皮肤细胞的活力,起到营养护肤、延缓衰老的作用。如苏氨酸、丝氨酸能够改善皮肤血液循环,亮氨酸有助于皮肤表面脂膜的新陈代谢,使皮肤光滑润泽、富有弹性[44];丝氨酸有营养护肤功效,有助于治疗皮肤龟裂、皲裂等症状[45]。蚕丝纤维的表面平滑,当蚕丝织物与皮肤接触时,会使皮肤感受到细微柔和的按摩力量,而不会有明显的物理刺激[25]。因此,贴身穿着真丝织物,对于皮肤始终保持一定的水分有积极的作用,帮助皮肤避免因干燥而出现粗糙、龟裂、皱纹等趋于老化的现象。

毛莉莉[46]、李琼舟等[47-48]从蚕丝纤维绿色保健的视角提出,真丝针织服装在贴身穿用过程中,能够很好地调节体温,起到怡情放松的作用,对预防血管硬化、高血压、脑血栓、老年性中风有一定的疗效,也可以降低静电对人体产生的刺激。

1.4.2.5 使用便利性

随着社会科技的飞速发展,人们的生活节奏日益加快,民众对服装、服饰产品的使用便利性需求逐渐提高,而使用便利性贯穿在丝绸制品洗涤、穿着和存放的全过程中。

蚕丝纤维独特的物理构造和化学结构成就了丝绸服装优良的服用性能,同时也给丝绸服装的洗涤保养带来一定的困扰,相关问题主要有以下几个:

(1)从洗涤便利性看,蚕丝纤维不耐盐,织物受汗水浸蚀后会出现黄褐色的斑点,同时影响其牢度,甚至造成破洞[49],因此需要经常洗涤;作为蛋白质纤维,蚕丝纤维对洗涤剂的酸碱性、浓度和方式等都有特殊要求。

(2)从洗可穿性看,蚕丝织物湿态回弹性差,其服装水洗和受湿时容易起皱;日晒容易导致蚕丝织物发黄、脆化,其服装晾晒时不能受到阳光暴晒;耐高温性能差,熨烫整理温度不可高于130℃。

(3)从存放便利性看,蚕丝纤维受潮容易滋生霉菌;作为蛋白质纤维,抗虫蛀性能较差;折叠容易产生折痕。

上述关于蚕丝织物舒适性、美观性、耐用性、保健性和使用便利性的研究成果为民众正确认知评价杭州丝绸产品的使用性能提供了科学依据。

本书在这些研究的基础上,设计了丝绸面料产品知识水平测评量表,深入调查了解民众对丝绸面料专业知识的认知程度及满意度。

1.4.3 关于丝绸品牌认知评价的研究

于永霞等[50]、李建琴等[51]、高元元[52]和王铭琦等[53]通过研究丝绸产品消费行为,发现丝绸品牌的知名度很低,消费者对丝绸品牌的认知度也很低。这一研究结论获得了丝绸行业企业界的支持[54-55]。石锐[56]从国内丝绸知名品牌的总体认知状况着手,深入研究了丝绸品牌的构成要素,包括以文化内涵、品牌联想、理念设计和品牌标识等为具体内容的自然因子、以顾客反映度和经营规模为具体内容的营销因子、以服务质量和产品价格等为具体内容的感知因子,以及由产品款式和产品色彩等反映的时尚因子等。王云仪等[57]研究了丝绸家纺品牌的构成要素,根据消费者的重视程度,从高到低依次为质量、店铺信誉、设计、价格、服务、店铺形象、品牌、广告宣传、名人代言等。

丝绸品牌认知评价的相关研究如表1-5所示。

表 1-5　丝绸品牌认知评价相关研究

研究视角	调研品牌	相关研究结果	参考文献
丝绸消费行为	万事利、凯喜雅、都锦生、太湖雪、乾泰祥等	消费者偏爱丝绸消费,但是对于丝绸品牌认知不足	文献[51]
蚕丝被品牌认知	八桂蚕坊、银后、思福祥等	消费者在主观意识上注重选择品牌,但是品牌认知度、知名度低	文献[50]
丝绸服装品牌认知	万事利、达利、凯喜雅、苏豪、瑞蚨祥等	丝绸品牌的知名度很低,消费者对丝绸品牌的认知度也很低	文献[52]
丝绸产品品牌构成要素	皇后绸都、乾泰祥、太湖雪、苏豪、万事利、达利、凯喜雅、都锦生等	丝绸品牌构成要素有自然因子、营销因子、感知因子和时尚因子	文献[56]
丝绸家纺品牌构成要素	未明确给出特定品牌	消费者对丝绸家纺品牌的重视度与满意度一般,品牌识别度有待加强	文献[57]

1.4.4　关于丝绸文化认知评价的研究

丝绸文化是丝绸领域目前比较热门的研究问题之一,学术界与产业界的研究触角均有涉及。余连祥[58]较早地将中国丝绸文化分为物质、制度和观念三个层面,并强调观念层面的文化(即精神文化)是中国丝绸文化所特有的。钱小萍[59]提出丝绸文化的内涵体现在精神文明与物质文明两个方面,黄为放[60]和张建宏[61]在后续研究中沿用了这一观点。罗铁甲等[62]在构建中国丝绸文化遗产保护体系时指出,丝织品与服装等可移动文物、蚕桑丝绸产区的工业遗产等不可移动文物,以及蚕桑丝织传统工艺和习俗等非物质文化遗产等,都属于中国丝绸文化的范畴。表 1-6 归纳了文献资料中中国丝绸文化的构成内容。

表 1-6　中国丝绸文化的构成内容

丝绸文化类别	层面	具体内容
物质文化	表层:物质文化	丝织品(绫、罗、绸、缎等 14 大类)、服装、工业遗产(蚕种场、茧站、缫丝厂和丝织厂)、工艺美术、雕刻绘画、文物遗迹、博物馆等
非物质文化	中层:制度文化	服饰制度、行业规范等
	深层:精神文化	民俗活动(宗教信仰、习俗禁忌)、传统技艺、色彩、纹样、心理积淀(神话、传说、歌谣、谚语)等

中国丝绸文化作为中华传统文化的重要组成部分,蕴含着丰富的精神特质。在我国漫长的历史发展过程中,它不仅影响并推动了丝绸品牌建设与丝绸产业转型升级,而且,对于美化人们物质生活、丰富人们精神追求,都发挥着重要作用。因此,挖掘与丝绸相关的精神特质,以传统文化赋予丝绸产品新内涵,是当下研究的新热点。

学者们分别从传统丝绸纹样、古典服饰图案和文献史料中的记载等各种素材中,探寻丝绸元素的历史渊源和文化寓意,并分析它们所传达的时代意义和艺术价值[63]。刘宏伟[64]将《史记》作为研究古丝绸文化的一手材料,分析了丝绸的起源与发展。解晓红[65]以《搜神记》为素材,剖析了魏晋时期的丝绸生产技术。金菊华等[66]从苏州地名中的丝绸故事着手,探寻了苏州与丝绸的历史渊源。冯盈之[67]从《说文解字》的"糸"部着手,说明了古代丝绸品种繁多。

李改行[68]、黄小敏等[6]围绕丝绸制品所蕴含的文化寓意展开研究,认为丝绸代表着中国国粹、中国传统文化、高档品质、舒适保健、较高的个人品位和中国国粹等。鲍睿琼[69]认为,丝绸文化承载了中国人民的伟大精神,并结合实际案例,分析探讨了将丝绸文化融入大学生思想政治教育的有效路径。

黎小萍等[70]、张宏伟[71]从丝绸行业企业界的视角研究弘扬与发展丝绸文化的路径,提出将蚕桑丝绸文化与旅游产业融合,建立丝绸小镇、丝绸公园、丝绸文化旅游区等建议。

丝绸文化认知评价相关研究如表 1-7 所示。

表 1-7　丝绸文化认知评价相关研究

研究视角	涉及的丝绸文化内容	参考文献
丝绸消费	消费者对丝绸文化认知不足,建议面向公众科普丝绸文化与丝绸知识	文献[72]
丝绸服装代表的含义	丝绸服装代表着中国传统文化、高档品质、舒适保健与较高的个人品位	文献[68]
《史记》中的丝绸文化	嫘祖是中国丝绸之祖,中国丝绸的起源在黄帝时代,"丝绸之路"的起始与繁荣,以及丝绸品类等	文献[64]
高校传承与弘扬丝绸文化的路径	丝绸文化包括丝绸产业的历史发展、历史内涵与现代价值	文献[69]
产业传承与弘扬丝绸文化的路径	建立丝绸特色小镇、丝绸文化公园、丝绸文化旅游区等	文献[71]
丝绸礼品的心理认知	代表着有档次、中国传统文化、中国国粹等深层寓意	文献[6]

此外,与丝绸之路文化相关的研究与本书的关系甚微,因此本书没有进行回顾整理。

1.4.5　关于杭州丝绸的研究

杭州丝绸在我国丝绸产业发展中长期占据着重要地位,在浙江丝绸、中国丝绸的相关文献中均有提及。关于杭州丝绸的专门性研究主要有以下成果:

在杭州丝绸史研究方面,徐铮等[73]、程长松[74]、顾希佳等[75]分别从史料、科普故事、生活场景等视角,记述了杭州蚕桑丝绸业的发展轨迹,以及杭州丝绸文化的源流;《杭州丝绸志》《杭州丝绸女装》等记录了杭州丝绸产业发展历史上的重大事件、转折历程和典型产品等信息[76]。这为本书中的杭州丝绸文化认知提供了丰厚的研究素材。

在杭州丝绸典型产品研究方面,翁卫军[77]、王雪颖[78]、刘克龙[79]和何云菲[80]分析了以都锦生织锦为代表的杭州织锦的主要工艺及特征；王其全等[81]描述了振兴祥中式服装的制作技艺；吕昉等[82]和郑喆[83]通过消费者调查，分析了杭州丝绸产品的特征元素；刘丽娴等[84]、任铖[85]和白志刚[86]从不同的视角，分析了杭州丝绸面料的传统纹样。这些关于杭州丝绸产品的文献资料，为本书界定"广义的"与"狭义的"杭州丝绸范畴提供了理论支撑；同时，文献所反映的杭州丝绸产品特征为杭州丝绸文化认知、产品认知提供了参考。

在杭州丝绸产业研究方面，21世纪以来的研究成果主要源于丝绸行业相关的协会、商会和高校。费建明[87]、张汝民等[88]、查志强[89]、胡丹婷等[90]，以及杭州杭派女装商会出版的《杭州丝绸女装》（期刊），对21世纪以来的杭州丝绸产业发展做了一定的分析，为客观认知评价杭州丝绸产业提供了参考信息。

在杭州丝绸品牌研究方面，主要研究机构有浙江理工大学、杭州丝绸文化与品牌研究中心，对杭州丝绸发展有贡献的期刊主要有《丝绸》《杭州》《纺织服装》《杭州丝绸女装》等，记录与推动了杭州丝绸品牌建设的进程。

以上五个小节（1.4.1～1.4.5）的分析表明，现有关于丝绸认知评价的学术文献，其研究内容主要涉及丝绸产品、丝绸品牌和丝绸文化，调查对象以消费者或大学生居多，研究目的以探索影响丝绸消费的因素为多，在研究方法上呈现出两个阵营：一是，以东华大学、苏州大学和浙江理工大学等高校为代表的实验室研究，通过人体穿着试验，采用主观评价法、仪器测试法或客观评价法对丝绸面料的典型性能进行认知评价；二是，以丝绸消费行为为主题的实证研究，通常采用问卷调查法做相关分析，探索影响丝绸消费行为的产品因素、性能因素和品牌因素等。

此外，通过文献述评发现，学术界的研究成果与民众认知处于分离的状态，特别是，关于丝绸性能的研究成果在学术界客观且成熟，而消费者认知主观且片面，两者没有有机融合。因此，在探索专家、学者与普通消费者之间的认知差异，将丝绸研究的理论成果应用于纠正社会认知，将社会认知评价运用于指导新产品开发与品牌建设等方面，都存在研究空间。

上述文献对于本书研究问题的提出与访谈提纲的明确具有相当的启发作用，尤其是丝绸产品认知评价的相关研究为本书提供了资料的支撑。

1.5　相关说明

（1）杭州丝绸。杭州丝绸的内涵丰富，外延意义更加庞杂，至今并无明确的界定。作为研究对象，在研究之初，笔者将杭州丝绸初步界定为"杭州的丝绸产品"，包括丝绸面料、丝绸服装服饰品、丝绸家纺（含蚕丝被）、丝绸工艺品及丝绸文创产品等，其主要原材料为蚕丝纤维（蚕丝纤维含量≥50％），即狭义上的杭州丝绸。具体的界定过程与内容详见第2部分。

（2）民众与消费者。民众指人民大众。本书在探索与构建杭州丝绸认知评价影响机理模型时，调查对象为民众，既包括普通消费者，也包括杭州丝绸产业链上的设计师、生产者与销售者等丝绸行业的从业人员,以便于多视角、系统性地了解杭州丝绸认知评价的构成因素。消费者指杭州丝绸产品的最终购买者或使用者,主要区别于杭州丝绸产业链上,与杭州丝绸密切相关的生产者与销售者——消费者购买和使用杭州丝绸产品的目的是满足自己的生活需求,而不是用来生产或者经营。

(3)感知与认知。这两个概念在意义上存在先后递进关系,两者的本质特点存在共同之处,即"揭示变换中的不变性"[91]。两个概念的区别在于,感知是提取和接收信息的过程与能力,属于生理层面的概念;而认知是识别和理解事物的过程与能力,属于心理层面的概念。因此,感知是认知的基础,可以看作低级形式的认知。杭州丝绸认知评价影响机理模型中的前因变量——杭州丝绸的表现(包含产品表现、品牌表现、服务表现、社会责任感和文化内涵),采用了生理层面的概念,是民众感知到的杭州丝绸。认知是感知的上层构建,也就是高级形式的感知。杭州丝绸认知评价影响机理模型中的中介变量——机体状态(包含情感倾向与理性认知),采用了心理层面的概念,是民众将感知到的杭州丝绸进行了内化处理,从而对杭州丝绸形成的情感和认知,这种认知将进一步成为民众趋近或规避杭州丝绸的依据。

(4)趋近型群体与趋远型群体。两者之间的关系是相对的。本书在第5部分分析民众对杭州丝绸的认知差异时,运用了这一组概念。两类群体的划分标准依据"行为意愿"量表中三个题项"我愿意购买杭州丝绸产品""我乐于向他人推荐杭州丝绸产品""我非常拥护杭州丝绸产品"的调查结果。根据五级量表的数字含义,选项"1—完全不同意""2—不同意""3—不确定""4—同意"和"5—完全同意",可知:三个题项的均值高于3且越大,趋近杭州丝绸的行为意愿越强烈;三个题项的均值低于3且越小,趋远杭州丝绸的行为意愿越强烈;三个题项的均值越接近中间值3,说明被调查者的态度越不明确。为了排除态度不明确群体的信息干扰,两类群体的分类设置:趋远型群体的三个题项的均值低于2.75,趋近型群体的三个题项的均值高于3.25。

2 杭州丝绸内涵的界定

民众对杭州丝绸的理解存在偏差,其核心问题集中在三个方面:一是杭州丝绸名称的指代性;二是杭州丝绸产品范畴的界定;三是杭州丝绸产地范畴的界定。

本章主要采用文献研究法,通过梳理杭州丝绸产业形成与发展的历史脉络,从中提炼出"杭州丝绸"名称的由来与内涵,分别从产业名称、产品名称与品牌名称等三个角度对"杭州丝绸"名称的出处进行梳理与考证,尝试找出历史文献中"杭州丝绸"的指代意义;结合行业标准、社会认知和约定俗成的规范,从蚕丝纤维含量、产品形式与原产地三个范畴,从狭义的与广义的两个层面对杭州丝绸的内涵进行了界定。

2.1 杭州丝绸的指代性

"杭州丝绸"名称的发展演变与意义所指,与杭州丝绸产业发展息息相关,一脉相连。本节通过搜集、梳理、考订杭州丝绸相关的文献史料,客观、简洁地归纳描述了不同时期的杭州丝绸产业,并从杭州丝绸产业发展的历史脉络中探究"杭州丝绸"名称的相关记述、源头及意指。

2.1.1 杭州丝绸的起源与发展

杭州地区丝绸生产活动的萌芽最早可以追溯到四千七百年前的良渚文化时期,它发端于农业(种桑、养蚕与缫丝属于农家副业),延伸到丝织工业与商贸业,历经蚕桑业与丝织业的分离、缫丝业与织造业的分离,再到新中国缫丝业与织造业,以及上、下游产业链的融合,历史悠久,源远流长。

2.1.1.1 历史起源

1936 年以来,杭州良渚等地陆续出土了黑陶、石器、玉器与丝织品等文物,经考古学家考证,它们源自四千七百多年前的新石器时代,史学家称之为良渚文化时期[92]。图 2-1 所示为良渚文化时期的石纺轮。

1958 年,在杭州北邻——湖州钱山漾东岸发掘出土的绢片,经考古学家考证,距今有4700～5200 年的历史,被称为"世界第一片丝绸"(图 2-2)。钱山漾在地理位置

图 2-1 良渚文化时期的石纺轮

上紧邻杭州,属于良渚文化时期。从良渚文化时期丝、麻、葛已经成为人类衣料的主要材质推断,杭州先民在四千七百年前就开始从事蚕桑丝绸生产活动。

从杭州良渚、湖州钱山漾,以及余姚河姆渡等地发掘出土的原始腰机部件、绸片、刻有虫纹(蚕纹)的盅形雕器(图 2-3)等文物的历史时期推断,杭州丝绸产业的历史源头在四千七百多年前的良渚文化时期。

图 2-2　钱山漾遗址出土残绢片(世界发现的 　　　　图 2-3　余姚河姆渡遗址出土
　　　　第一片丝绸)　　　　　　　　　　　　　　　　　　骨器上的蚕纹图案

2.1.1.2　历史发展

历史上,"省赋敛,劝农桑""以农桑为本"等以农桑强国的举措,奠定了杭州蚕桑丝织业形成的基础;隋唐时期的"永业田"制度、五代十国时期的"闭关而修蚕织"举措,以及在杭设立官营丝绸织造工场等做法,促进了杭州蚕桑丝织业的快速发展;北宋时期在杭建立市舶司与官府织造机构(文锦局),以及南宋迁都临安带来精良的织造技艺和旺盛的消费需求,逐步将杭州蚕桑丝织业推向历史鼎盛时期;元明清时期,杭州丝绸业不及南宋时期繁盛,但是在原来优势的基础上得到了持续发展。

今杭州所在地区按照地理位置归属划分,在周朝以前属扬州,春秋时期属越,战国时期属楚,秦时期属会稽郡。从历史文献看,春秋战国时期,该地区的重要经济支柱之一就开始来源于种桑养蚕、缫丝织造等生产活动。公元前 490 年,越王勾践采纳了谋士计倪提出的"蓄积食、钱、布帛""省赋敛,劝农桑"等举措,而且身体力行,"身自耕作,夫人自织"[93];同时,将当地织造的丝绸制品作为礼品,赠送给诸侯、君臣及楚、晋、齐等国。这些对农桑生产活动的有意引导与劝倡,以及对丝绸产品的大量需求,使这一时期的蚕桑丝织业得到了迅速发展。

汉代,依旧非常重视蚕桑丝织生产活动,推行"以农桑为本"的举措。这一时期,浙江地区的蚕桑丝织生产活动开始呈现向杭州迁移的现象,重点区域逐渐由浙东会稽向浙西杭嘉湖平原延伸[94]。汉末,杭州地域隶属吴国管辖范围,而吴王孙权(杭州富阳人)将发展蚕桑丝织业作为一项重要措施,以实现"解救民生凋敝,赡军足国"。在这种背景下,杭州一带的蚕桑丝织业发展势头良好。

杭州丝绸产业发展与杭州城市发展相生相成,休戚与共,这从杭州地名的产生及其所辖区域的变更中可见一斑。杭州所属地区蚕桑丝织业的发展早于杭州城市的出现,从一定意义而言,早期杭州地区蚕桑丝织产业的出现与兴盛,促进了杭州城市的形成;后来,立县、建城,特别是南宋迁都杭州,杭州城市的发展又将当地的蚕桑丝织业推向高度繁荣。

隋朝之前,杭州仅仅是一个小城,自隋开始得到逐渐发展。杭州的曾用地名中,历史记载的有钱塘(钱唐)、余杭(禹航)、临安等,其中,正史记载最早的是钱唐——"三十七年(公元前 210 年),始皇出游,至钱唐……临浙江……上会稽"[93]。开皇九年(589 年),隋文帝废钱塘郡,设立杭州;开皇十一年(591 年),开始构筑杭州城垣。此时,杭州城内陆续产生了丝绸交易,推动了杭州城市与蚕桑丝织经济的融合发展。在促进蚕桑丝织业发展的相关政策方面,隋代沿用了北魏以来的"均田制"与"租调制"。在均田令中,桑田作为"永业田",允许子孙世袭;在租调制中,对于年龄达到五十岁的人民,允许他们交纳一定的丝绸代替劳役。这些政策、法规的颁布与实施,推动了杭州地区蚕桑丝织经济的发展与繁荣。同时,新安、遂安(今杭州淳安)等地区大力推行养蚕经验,"一年蚕四五熟,勤于纺绩"。由此可见,杭州地区的蚕桑丝织生产活动在隋代时期已经比较兴盛。

唐代,杭州丝绸在品类与贸易两个领域都有较大发展。杭州生产的绫类丝织品摘得"为天下冠"的美誉,成为朝廷的贡品,同时作为重要商品销往西北边陲,并且沿着陆上"丝绸之路"远销中亚各国,如工艺细腻的柿蒂绫印花绢(图 2-4)。景龙四年(710 年),胥山西北(今杭州西湖东南)沙岸北涨,地势逐渐平坦,种植桑麻,钱塘城外东北为蚕桑地。唐代后期,全国丝绸产业的中心南移,浙西地区的蚕桑丝织业发展颇为迅猛,钱塘(杭州)清波门外仙佬墩一代的种桑养蚕业呈现出一番盛景,出现"路逢邻妇遥相问,小小如今学养蚕"。五代时期,吴越国王钱镠(852—932 年)是杭州临安人,他将杭州设为都城(西府),在位期间大力倡导"闭关而修蚕织",劝民从事农桑,所辖境内呈现"桑麻蔽野""春巷摘桑喧姹女""岁岁有农桑之乐"

图 2-4 柿蒂纹印花绢

的盛世景象,蚕桑丝织生产成为吴越国的重要经济支柱,为日后江浙丝绸业的发展繁荣奠定了基础。此外,钱镠在杭州创建了史上最早的织室(官营丝绸织造工场),缫丝业与机织业分离初见端倪,纺织原料加工与丝织生产之间有了进一步的分工,就此正式开启了杭州设立官府织造机构的先河。织室的在杭创建,使更多的蚕桑丝织人才汇聚到杭州,促进了优良技艺的发扬与改进,对于杭州丝绸产业的后续发展产生了深远的影响。

宋代是杭州丝绸产业发展的鼎盛阶段,丝织生产与对外贸易等领域都有不俗表现。这一时期,海上"丝绸之路"迎来了快速发展时期。北宋在杭州建立市舶司作为海外贸易的管理机构,并于端拱二年(989 年)颁令,海外贸易人员"须于两浙市舶司陈牒"。由此,杭州作为一个重要的港口开展贸易交流,当时输往阿拉伯、东南亚等国家的杭州丝绸产品也经此港口。至道元年(995年),北宋在杭州武林门北建立官府织造机构织室(南宋改名为"文锦局"),且"岁市诸州丝给其用",要求各州为杭州提供丝织原料;崇宁元年(1102年),宋徽宗令宦官童贯"置局于苏、杭,造作器用……织绣之工,曲尽其巧";后来,苏门学士晁补之在其著作《七述》中写道:"杭故王都,俗尚工巧……"南宋建炎元年(1127年),杭州设立织锦院,雇佣工匠余数千人。绍兴八年(1138年),南宋迁都临安(今杭州),成为杭州丝绸产业发展的重要转折点。这为杭州引来了大量的商人和丝织工匠,以及负责为皇室宫廷织染绣服等工艺的生产机构——绫锦院(丝织)、染院(染色)、文绣院(编织刺绣)、裁造院(裁制服饰)等,陆续迁杭。这又为杭州带来了精良的丝绸织造技艺与旺盛的消费需求,使得杭州一跃成为全国丝绸生产、技术、经济、贸易和信息的中心,从此"丝绸之府"名扬天下[94]。

元代,杭州地区的丝织业虽然没有南宋时期繁盛,但是仍旧拥有一定的规模。元世祖重视农桑生产,他在即位之初就颁布诏令"衣食以农桑为本",并于至元十七年(1280年)在苏州与杭州建立"东西织染局"[95]。著名的旅行家马可·波罗(1254—1324年)在其游记中描述杭州,"'生产大量的绸缎',加上外地运往杭州的绸缎,使当地的多数居民'浑身绫罗',杭州'遍地锦绣'"。通过马可·波罗的传播,杭州丝绸在欧洲特别是意大利声名鹊起。

明代,杭州地区的蚕丝、绸缎贸易非常繁荣,是杭州丝绸产业历史上的另一个兴盛阶段。根据《明会典》中的相关记录,明廷在浙江省内设置的官营织染局多达十个,在数量上居全国之最,其中,杭州染织局在生产规模与丝织产品的生产总量上都位列浙江省之首[94]。在官营织造局兴旺发达的同时,杭州民营丝织业欣欣向荣,被誉为"习以工巧,衣被天下"。这一时期,早期的资本主义生产性质的丝织手工业工场开始在杭州丝绸产业中萌芽。民营丝织业的快速发展,使杭州逐渐形成了相对集中的丝织产业区。"迄今一乡之人,皆织绫锦为业"描述的就是机户最为集中的忠清巷、相安里(今新华路一带)的丝织手工业场景。

清代,杭州官营丝织业和民营丝织业共存共荣。从官营丝织业来看,清代时,杭州官府织造局在著名的江南三织造中,其规模与产量都是最大的。从民营丝织业来看,道光年间(1821—1850年),杭州出现了"机户万计""机杼之声,比户相闻"的盛景(出自清·厉鹗《东城杂记》)。图2-5所示为清代杭州织造局核发的官机执照。从产品品类来看,清代丝织产品非常丰富,产生了众多以"杭"冠名的地方性名产,如杭罗、杭纺、杭绸、杭缎等。随着世界工业革命的兴起,机器生产逐步取代手工劳

图2-5　清代杭州织造局核发的官机执照

作,至光绪二十一年(1895 年),庞元济、丁丙合资在杭州拱宸桥西南一带创建了浙江省第一家机器缫丝厂(世经缫丝厂),采用直缫式坐缫车进行机械缫丝,意味着杭州丝织业开始走向机械化时代,但是,受阻于地方绅士和蚕农,进程异常缓慢[96]。到清代末期,因"洋绸"输入的影响,杭州丝织业受挫严重,织绸工匠锐减过半。

图 2-6　江南三织造匹料

民国时期,杭州丝绸产业历经挫折,发展的主流态势大致可以划分为前"盛"与后"衰"两个阶段。其中,民国元年—二十五年(1912—1936 年)期间呈现"盛"的发展态势,民国二十六年—三十八年(1937—1949 年)期间呈现"衰"的发展态势。前一阶段,民国初建的历史新局面为杭州机械丝织业发展开辟了新前景,虽然时局动荡、市场起伏,但是,"实业救国"等社会思潮推动了实业发展;同时,孙中山重视蚕丝工业,积极推行科学养蚕制丝、改良蚕种、引进国外先进设备等计划,使杭州丝绸产业总体呈上升趋势。民国十三年(1924 年),杭州(纬成公司)开始采用人造丝织绸,并且出现了绢丝与其他纤维或交织生产的丝织产品。后一阶段,前受日本侵略,后逢全国内战,在战争影响与摧残下,社会动荡不安,经济停滞不前,这一时期的杭州丝绸产业尽管有过短暂的繁荣,但如昙花一现,总体上表现为下降的趋势。

新中国成立以后,杭州丝绸产业得到了迅猛发展,其间虽然历经产业结构调整、经济体制改革等政策变迁,产业历程跌宕起伏,但是,它传承了数千年以来柔韧的丝绸精神,始终保持着顽强的生命力,总体上呈现出螺旋式上升发展的态势,为杭州经济发展和社会进步做出了卓越的贡献。随着生产方式变迁与行业技术革新,杭州丝绸逐渐从小型化、分散化迈向集约化、规模化的现代化发展道路,产业集聚区逐渐形成。

2.1.2　产业层面的杭州丝绸

从产业层面来看,"杭州丝绸业"作为杭州丝绸产业的统称,是在 1952 年杭州市缫丝工业同业公会与杭州市丝织业同业公会合并之后正式出现的。在这之前,分别由"杭州绸业"和"杭州丝业"对应产业链上的织造环节和缫丝环节。文献史料中明确出现关于"杭州丝业""杭州绸业""杭州丝、绸两业"等称呼的可考记载如下:

2.1.2.1　关于杭州绸业的记载

嘉庆二十二年(1817 年),杭州绸业会馆(即"观成堂")在杭州忠清巷成立。这所由在杭从事丝绸交易的商人共同出资筹建的会馆,在长达百年的时间里,为杭州丝绸从业人员提供了便利的议事场所。光绪三十年(1904 年),杭州绸业会馆开始集资重建,地点迁移到银洞桥保信巷原丁丙住宅内的"不如圃",历时四年建成[97],并刻有记事石碑一座,其碑文《杭州重建观成堂记》载述"杭州绸业名天下,而观成堂之名,则非杭人泊业绸者不尽缕悉也……,得机抒之法,而绸业以张……"[98]。杭州绸业会馆旧址、《杭州重建观成堂记》碑及碑文见图2-7~图2-9。

图 2-7　杭州绸业会馆旧址

图 2-8　《杭州重建观成堂记》碑

杭州绸业名天下,而观成堂之名,则非杭人泊业绸者不尽缕悉也。宝清随舅氏褚敦伯先生成炜筹办北洋海啸之振,丁松生先生丙曾以观成堂善款三千金为助,于是顺直当路,津沪慈善,咸太息而知观成之名矣。堂始于嘉庆二十二年,重修于光绪三十年,语详丁君和甫所撰碑记。有清末宋君锡九复创迁地改筑之计,王君达甫、陆君鉴章、徐君吉生、崔君少泉、周君梅卿亟赞成之,乃由忠清里移建保信巷内,盖即丁氏所有之不如圃也。土木甫动而民国肇兴,屡作屡辍,今年九月始得竣工。地凡二十亩有奇,中为武帝殿五楹,其后即观成堂,有楼曰观复,再进为行吾素斋,上架层楼曰天章阁,以祀进财之神,左为大门,仪门暨同商办事室以及庖厨之所;右即不如圃,所谓晚菘精舍、慕陶宧者均仍其旧。是役也,经始于庚戌之冬,落成于甲寅之秋,计糜银币五万八千有奇,历时三四年之久,不谓之艰难诚不得矣!顾念欧力东渐,洋绸繁兴,吴纯伯君创设杨华公司,冀以生货旧机改组纱绉,萧云波君复就熟货变通而谋丝地绉呢,同时并举;皆就固有花样而发明之,用意虽良、利用未适。金君仲仲,幡然东游,考察日本组织新法,更得梁吴二君为臂助,经营惨淡,构制日精,频年绮霞纱缎流播布全国,并盛行于南洋各岛,是亦诸君子研求成绩之一也。追维端绪未得之际,凡我同商暨机师织匠日集合于忠清里旧有之堂,每聚或数百人,多或数千人,风雨杂沓,堂中几无驻足之地,得宋君一言,遂获兹闳敞间适从容议事之场。自今以往,采西而益中,辰聚而午决,行见我同商,新机日多,新绸日美,既欧西灌输之品,亦不求消歇而自有抵制,更何论东邻后起之制耶!况纺绸以杭州著名,初则行销南洋,近年愈推愈广,远及欧美,盖质美而坚,服之经久,西方人嗜好心理,原属大同,无中外古今,一也。昔褚河南之孙名载者,归自广陵,得机抒之法,而绸业以张,兹合海内外之奇思巧制,错综组合于一堂,其为利益,宁尚有量欤?阳历十一月即甲寅十月余杭鲁宝清撰,同郡张荫椿书,吴郡黄吉园刻石。"

图 2-9　《杭州重建观成堂记》碑文

民国初年,丝绸行业的买卖双方习惯在白莲花寺前直街(今新华路旁)的"阿荣茶馆"进行洽谈,逐渐形成了"绸业交易茶会"。民国十四年(1925年),由杭州绸业会馆出面组织,将交易场所迁至王马巷口,正式成立"杭州绸业公共贸易场"。民国二十三年(1934年),杭州绸业公共贸易场的地址迁移到长庆街,改组为官督民办的"杭州市绸业市场",成为机户、绸庄的重要交易场所。民国二十六年(1937年),杭州沦陷,杭州市绸业市场的日常交易停顿,场址被日军强占为养马场。民国二十九年(1940年),日伪建设厅接收长庆街绸业市场,名称改为"浙江省绸类贸易市场"[99]。民国三十四年(1945年),抗日战争胜利,绸类贸易市场由杭州市政府接收,由绸商业公会申请收回自办,名称改回"杭州市绸业市场",交易仍以生货居多(注:"生货"与"熟货"相对,前者指以白丝织绸然后染色,后者指先染丝后织绸)。据《浙江经济》第一卷第四期记载,1946年冬,浙江丝绸代表在浙江省建设厅召开的绸业人士座谈会上,以当年8月的巴黎缎为例,说明与战前相比,进价或成本上涨五千倍,运费上涨四万倍,练费上涨两万倍……[98]

1951年6月,杭州市商业局在东街路戴家弄2号绸业市场内成立了丝业市场[99]。截至此时,"杭州绸业"与"杭州丝业"仍然属于两个并行的行业。

2.1.2.2　关于丝、绸两业的记载

乾隆五十四年(1789年),湖州商人在苏州建吴兴会馆,"为丝绸两业集事之所"。宣统三年(1911年),《中国蚕丝业会报》记载:"像杭州东北隅一带的居民,其妇女大半以丝绸络经为业,近因绸业失败,丝业又复不振……"[100]

民国十九年(1930年),湖属绸商组织的湖社委员会在《为维持湖州丝织业事呈浙江省政府文》中说:"……人造丝充斥市场,国产丝绸连遭打击,致湖属丝织各厂,大半停顿或休歇,即零星织业亦无利可图,做丝、绸两业,近已一落千丈。"[101]民国三十六年(1947年),姚顺甫(1903—1973年)参与筹建全国丝织业公会,并担任常务理事兼浙江区丝织业公会理事长。抗战胜利后,丝织业重新整顿,办理会员登记。大型丝织厂属"观成堂",为杭州丝绸织造业同业公会;小机坊属"大经堂",为杭州丝织业同业公会;后来重新划分为丝织业公会和机电丝织业公会[99]。这些记载说明,丝、绸两业正在逐渐靠拢。

2.1.2.3　关于杭州丝绸业的记载

文献史料中,有关杭州丝绸的记载到近代才出现。丝织生产工具的演化和民间产业组织的变更,标志着我国的丝织业开始从传统手工业向机器大工业转型[102],"杭州丝绸业遂始由家庭手工业变为工厂机械工业"[103]。"光绪年间,杭州丝绸兴盛时,市内丝行林立",后来,日本丝织品大量涌入中国市场,杭州丝绸受到重挫[99]。

"杭州丝绸业"作为产业名称,出现于1952年杭州市缫丝工业同业公会与杭州市丝织业同业公会合并之后,开始用以指代杭州缫丝业与杭州织造业,后来,延伸到用以指代与杭州丝绸生产相关联的上下游产业,包括种桑、养蚕、缫丝、织造、丝绸机械制造,以及丝绸服装、服饰及制成品的设计、生产与销售等。

从上述关于"杭州绸业""丝、绸两业""杭州丝绸业"等将"杭州丝绸"作为产业名称的文献资料来看,杭州丝绸在内涵上仍然指代杭产"丝"与杭产"绸",实际上反映的依旧是"产品"的概念。

2.1.3 产品层面的杭州丝绸

在古语中,"丝绸"这一概念最初具有两层含义:丝,指原材料蚕丝;绸,指丝织物的一个品种——以蚕丝为原材料,采用平纹组织或者变化组织织造的一种结构紧密的机织物。明清以后,"丝绸"才开始泛指以蚕丝为原材料生产的丝织物。在化学纤维出现之后,"丝"的概念由蚕丝延伸到长丝,相应地,"丝绸"开始泛指以长丝为原材料生产的机织物。

作为产品名称,"杭州丝绸"指代在杭州生产的以蚕丝为主原料的各类丝绸产品,古代多用杭州产丝、绸表达。

2.1.3.1 关于杭州缎绸的记载

《光绪大清会典事例·内务府》记载:"乾隆四十七年(1782年)议准杭州织造每年解京缎绸,改由陆运。"道光二十八年(1848年),杭州织造毓祺上疏说"向例每年分派三处织造织办缎纱绸绫,皆系预备敬神并内传成做上服活计,及内廷主位宫分表里之件,例用杭州缎绸居多"[104]。

2.1.3.2 关于杭州绸缎的记载

顺治初年,统治者下达禁令:"往年卖绸缎等物,皆宽长精密,近来……传谕江宁,苏、杭各机坊商贾,以后织造卖绸缎等物,务要宽长合式,精密堪用。如仍前短窄松薄,查究治罪。"乾隆二十七年(1762年)英国商人申请,经由两广总督苏昌奏准,允许"每船配买土丝五千斤、二蚕湖丝三千斤",但是,"头蚕湖丝及绸绫缎匹,仍禁如旧"。到乾隆二十九年(1764年),允许"咖喇吧等国配买丝货每船酌带土丝一千斤,二蚕湖丝六百斤,绸缎八折扣算"[100]。"杭州绸缎原料,素赖土丝。"[105]

1947年,司徒雷登在杭州接受"荣誉市民"称号时收到的杭州土特产中,就有都锦生丝织品和杭州绸缎等[106]。

1958年,浙江省政府决定实行工贸归口,在湖滨路设"杭州绸缎商店",由杭州市纺织品批发站负责经营国内的绸缎销售[99]。

2.1.3.3 关于杭州丝绸的记载

从文献资料看,杭州丝绸产品曾被称为"杭州绸缎"或者"杭州缎绸",直到1952年5月10日以后,杭州市丝绸同业公会下辖企业生产的丝绸产品才开始以"杭州丝绸"著称。在此之前,文献资料中关于杭州丝绸的记录很少,笔者查阅到的资料有三条:一是,1933年出版的《中国实业志·浙江省》(工业篇·纺织工业章)中记载的"杭州丝绸销场,素以国内各口为主"[99];二是,民国二十一年(1932年),杭州都锦生丝织厂组织工人到日本学习并带回七把绢伞,之后以西湖风景为主题图案,用杭州丝绸制成"西湖绸伞";三是,19世纪30年代用

"中国杭绸"制作的英国绅士的衬衫至今收藏于伦敦大英博物院,说明杭州手工丝织业有着非常精湛的织造工艺,在国外也深受欢迎。

2.1.4 品牌层面的杭州丝绸

杭州适宜的气候环境、优良的水质资源与典型的地理特征非常有利于蚕桑的生长,为杭州丝绸产业的萌芽与发展奠定了自然基础;而悠久的产业历史、优良的品质工艺与繁荣的丝绸贸易,为杭州丝绸赢得了良好的美誉度和市场影响力。

随着杭州旅游业的快速发展和商业模式向 C—TO—C 的快速变迁,杭州丝绸作为杭州城市的"金名片",开始以区域品牌的形式走入大众视野。

2011 年,杭州丝绸通过国家质量监督检验检疫总局批准,荣登国家地理标志产品保护榜单,成为全国丝绸行业被授予该标志使用权限的第一个丝绸产品,在杭州丝绸产业发展历史上具有重要的意义,标志着杭州丝绸区域品牌发展进入成熟期。杭州丝绸国家地理标志产品保护授牌如图 2-10 所示。

图 2-10 杭州丝绸获得国家地理标志产品保护授牌

杭州丝绸国家地理标志产品保护范围为杭州市所辖行政区域内,如图 2-11 所示。

图 2-11 杭州丝绸国家地理标志产品保护范围

杭州丝绸列入国家地理标志产品保护,从一定程度上肯定了杭州丝绸产品所具备的优良特质及地域人文属性。根据杭州丝绸国家地理标志产品保护申报文件,受国家地理标志产品保护的杭州丝绸产品种类仅限于两类:一是丝绸原料,特指"桑蚕丝(生丝)";二是丝绸面料,主要有绸、缎、锦等 14 类,见表 2-1。

表 2-1　14 类丝织物的组织结构及感官特色

产品种类	组织结构	感官特色	备注
绸	平纹或平纹变化组织	紧密	—
缎	缎纹或缎纹变化组织	平滑、光亮、细密	—
锦	缎纹组织或斜纹组织	绚丽多彩的色织提花	多色丝线织成
纺	平纹组织	质地轻薄、柔软	生织或半色织工艺,经纬线不加捻或加弱捻
绉	平纹或其他组织	绉纹效应,光泽柔和,富有弹性,抗皱性好	经纬线加强捻
绫	斜纹或斜纹变化组织	斜向织纹,质地轻薄	—
罗	全部或部分经丝绞缠形成	呈现椒孔,透气	直罗、横罗
纱	全部或部分经纱扭绞形成	孔眼	—
绒	全部或部分采用起绒组织	绒毛或绒圈	—
呢	各种组织	质地丰厚,有毛感	经纬丝线较粗
葛	平纹、斜纹及其变化组织	横向梭纹,质地厚实	经曲纬疏,经细纬粗
绢	平纹组织	质地细腻、平整、挺括	—
绨	平纹组织	质地粗厚,织纹清晰	长丝作经,棉或其他纱线作纬
绡	平纹或假纱组织	质地轻薄、透孔	—

从产品类别的保护范围来看,杭州丝绸仅仅指代"丝"和"丝绸面料",而不包括产品类别中的蚕丝被、丝绸服装、特殊形制的文创类产品等,在范畴上具有非常大的局限性。

综上所述,从文献资料看,"杭州丝绸"作为一个词组出现,是在近现代的著作上,它具有三层指代含义——产业、产品和品牌,它是杭州丝绸产业的名称、杭州丝绸产品的名称,也是杭州丝绸品牌的名称,但其核心指向为产品名称。

此外,从字面意义看,杭州丝绸采用"产地+产品"的命名方式,是地域名称"杭州"与产品名称"丝绸"的复合体。下文将分别对杭州丝绸的产地、产品的范畴做具体的界定。

2.2　产品范畴的杭州丝绸

丝绸产品(其实是指蚕丝织物)区别于同类产品的本质属性是纤维材质中的天然蛋白质成分[107]。化学纤维的出现,将丝绸的内涵从传统意义上的"蚕丝织物"拓展到"以长丝为原材料生产的机织物"。

化学纤维由于成本低、产量大、成品易打理,很快就发展成为蚕丝纤维的替代品,广泛应用到服装、家纺等纺织品领域。但是,化纤织物的热湿舒适性远不及蚕丝织物,吸湿性、散热性都比较差,直接影响服装舒适感。

蚕丝织物与化纤织物在名称上的一致、外观上的相似和性能上的差异,开启了丝绸、真丝绸与纯丝绸的争论。

2.2.1 从蚕丝含量界定丝绸

丝绸、真丝绸与纯丝绸之争的核心问题在于:丝织物的原材料是不是蚕丝纤维;蚕丝纤维的含量能够达到多少。

研究以原材料不同的四块绸类丝织物为例,用标签标明每一块丝织物的原材料及含量,请受访者选出能够称为"丝绸"的面料(可多选):

其中:①号丝织物,桑蚕丝含量100%,为纯桑蚕丝织物;②号丝织物,桑蚕丝含量93%、氨纶丝含量7%,例如真丝弹力缎;③号丝织物,涤纶长丝含量100%,为涤纶仿真丝织物;④号丝织物,涤纶长丝含量93%、氨纶丝含量7%,普通具有弹力的丝织物。

调研结果如图2-12所示,在给定的四块丝织物面料中:①号丝织物的蚕丝纤维含量为100%,全部受访者认为它是丝绸,可见,人们对于"丝绸"用作蚕丝织物的称呼是不存在质疑的;②号丝织物的蚕丝纤维含量为93%,约91.5%的受访者认为它是丝绸;③、④号丝织物的蚕丝纤维含量为0,近一半的受访者认为它们不是丝绸。调研结果说明,在大多数受访者的认知观念中,蚕丝织物才能称作"丝绸",而化纤织物不能称为"丝绸"。

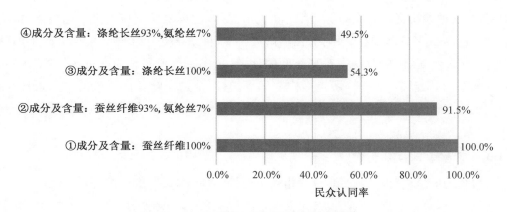

图2-12 民众对丝绸产品成分及含量的认知

受访者对丝绸的原材料的认知差异很大,这是因为他们混淆了"丝绸"与"真丝绸""纯丝绸"的概念,不能充分地认知与理解"丝绸"的内涵——广义上的丝绸,不仅包含以蚕丝纤维为材质的丝织物,还包含以化纤长丝为材质的丝织物。所以,笔者从蚕丝纤维含量上对丝绸、真丝绸与纯丝绸进行了界定。

2.2.1.1 丝绸

《纺织品　丝绸术语》(GB/T 26380—2011)[108]明确规定,丝织物(Silk Fabrics),即丝绸,是指"以蚕丝、化学纤维长丝或以其为主要原料织成的各种织物是指桑蚕丝织物是指以桑蚕丝纯织或以其为主,与其他纱线交织的丝织物";蚕丝被是指"填充物含桑蚕丝和(或)柞蚕丝50%及以上的被类产品",包括纯蚕丝被和混合蚕丝被两种类别,其中,"纯蚕丝被的填充物为100%蚕丝,混合蚕丝被的填充物含蚕丝50%及以上"。

由此可见,所谓丝绸,它既包括传统意义上的蚕丝织物,也包括化纤工业发展起来之后出现的化学纤维织物。

古代,纺织原材料源于大自然,用于织造丝织物的原材料只有天然动物蛋白纤维——蚕丝,因此,丝绸就是指用蚕丝纤维织造的纺织品。如今,由于科学技术日益发达,纤维产业迅猛发展,新型纺织材料(如化学纤维)不断地被研发出来,故而在纤维材质方面拓展了传统意义上丝绸的范畴。

因此,丝绸泛指采用蚕丝或者再生纤维长丝、合成纤维长丝等织造的纺织品,这也就是丝绸在广义上的概念。

2.2.1.2 真丝绸

现代纺织技术发达,纱线材质丰富,织造方法各异,在实际生产中,企业一般将丝绸简单分为真丝绸、合纤绸和交织绸三大类。其中,真丝绸以蚕丝纤维为主要原料;合纤绸以化学长丝纤维为原料,如以100%聚酯纤维为材料的涤丝绸、以100%黏胶纤维为材料的人造丝绸等;交织绸由各类原料交织而成,如锦/涤织物、涤/黏织物、涤/棉织物等。

真丝绸,借鉴GB/T 26380—2011中关于丝织物的定义,指以天然蚕丝纤维纯织或者以其为主,与其他纱线交织而成的纺织品。由此可见,真丝绸是丝绸在狭义上的概念,指蚕丝纤维含量达到50%的丝织物。例如,在出口贸易中,将桑蚕丝纤维含量在50%以上的商品称为真丝绸。其实,出口贸易中对真丝绸的界定,是将原材料限制为桑蚕丝纤维。一般意义上的蚕丝,不仅包括桑蚕丝,还包括柞蚕丝等,它们都是蚕吐丝而形成的动物蛋白纤维。由于蚕的品种与生长环境不同,其他蚕丝纤维在长度、细度和色泽上与桑蚕丝纤维有所区别。

2.1.1.3 纯丝绸(即全真丝绸)

纯丝绸的概念相对比较简单,仅仅指代蚕丝纤维含量100%的丝织物。

由此可见,真丝绸包含纯丝绸(即全真丝绸)与真丝交织绸。其中,纯丝绸的纤维含量为100%蚕丝,如传统意义上的绡、纺、绉、缎、绢、绫、罗、纱等产品;真丝交织绸的蚕丝纤维含量在50%以上,如桑/涤织物、桑/棉织物等。

值得注意的是,"真丝"是一个约定俗成的概念,特指蚕丝纤维,主要是为了区别于化学长丝纤维。

笔者将广义的丝绸与狭义的丝绸对比进行说明,如表2-2所示。

表 2-2　从纤维材质看丝绸、真丝绸与纯丝绸的区别

范畴	丝织物名称	纤维材质	产品举例
广义的丝绸	丝绸	蚕丝纤维或者再生纤维长丝、合成纤维长丝	真丝绸、合纤绸、交织绸
狭义的丝绸（即真丝绸）	纯丝绸（即全真丝绸）	蚕丝纤维含量＝100％	双绉、乔其、杭罗
	真丝交织绸	蚕丝纤维含量≥50％	软缎、织锦、弹力绸

注：从范畴上来说，丝绸＞真丝绸＞纯丝绸

综上所述，从纤维材质种类及含量来看，丝绸、真丝绸与纯丝绸（即全真丝绸）的定义：①丝绸，即广义上的丝绸，泛指采用蚕丝或者再生纤维长丝、合成纤维长丝织造的纺织品；②真丝绸是狭义上的丝绸，指以蚕丝纤维纯织或者以其为主与其他纱线交织而成的纺织品；③纯丝绸指采用蚕丝纤维织造的纺织品。

1925 年，杭州输入人造丝，之后，杭州丝绸的原材料不再局限于蚕丝。杭州蚕桑丝织业的历史悠久，杭州丝绸产品的传统特色体现在天然纤维"蚕丝"上。因此，杭州丝绸从纤维材质上来说，指的是真丝绸，即蚕丝纤维含量≥50％（不包括缝纫线等辅料）的丝织品。

2.2.2　从产品形式界定丝绸

上述内容从纤维材质及含量上对丝绸、真丝绸与纯丝绸做了区分，本部分将从产品形式上对丝绸做进一步的界定。

丝绸产品的品类非常丰富，在保持丝绸面料、丝绸服装等传统产品类别的同时，不断推陈出新，使丝绸的概念在产品形式上也得以延伸。

从"杭州丝绸"名称的发展历史来看，丝绸的产品形式也在不断演变，从平面到立体，逐渐变得丰富。如图 2-13 所示，丝绸起初的产品形式，仅包括原材料"丝"和丝织物的一个品种"绸"；明清以后，丝绸的产品形式包括原材料"丝"和以蚕丝为原材料的"丝织物"，这个时期，"绸"的形式扩充至各种丝织物；如今，丝绸的产品形式更为丰富，在"丝""丝织物"以外，还包括以蚕丝纤维为主要原材料而生产的众多产品。

图 2-13　丝绸产品形式的演变

由此可见，丝绸的范畴在原始意义上，向"丝"延伸到以"蚕丝"为原材料制作的产品，如蚕丝被、丝绵服；向"绸"延伸到以"丝织物"为面料制作的服装、服饰、家纺、工艺品，如服装

（包括旗袍、睡衣、内衣、保暖衣）、围巾（包括丝巾、披肩）、领带、包袋、鞋子、扇子、被套、织锦画、丝绸书等（图2-14）。

图2-14　品类丰富的现代丝绸产品

杭州丝绸品类多样、风格各异，由于原料不同、工艺各异，产品差异性明显。真丝绸中的"纱"轻薄透亮如蝉翼，"绉"富有绉纹效应和弹性，"纺"柔软滑爽飘逸透凉，均有其独特的品质和特殊的工艺。

从"杭州丝绸"的指代性中了解到，杭州丝绸的产品形式包括四种：①原材料"蚕丝"；②以蚕丝为主材料的制成品"丝织物"；③以蚕丝为主要填充物制作的成品，如"蚕丝被""丝绵服"；④以"丝织物"为主材料制作的成品，如"丝绸服装""丝绸工艺品"等。其中，在杭州丝绸国家地理标志产品保护范围中，杭州丝绸产品局限于上述①和②。

从《纺织品　丝绸术语》（GB/T 26380—2011）对于丝织物（即丝绸）的定义，可以看出，传统意义上的丝绸指的是织物，而织物是由纺织纤维经纺纱、织造而成的片状物体，按照不同的织造方式，包括机织物、针织物和非织造布。

因此，从纺织品角度来讲，丝绸指代织物（即面料），属于工业半成品。同时，在日常生活中，民众直接接触原材料"丝"的机会较少，调研中也很少将杭州丝绸用来指代原材料"丝"。

随着纺织技术的发展与设计创新能力的提升，丝绸产品品类从传统意义上的面料，延伸到服装、服饰、家纺、工艺品等领域，丰富多样，不胜枚举，从而拓宽了丝绸的范畴。访谈调研过程中，民众在提及杭州丝绸时，经常提及丝绸服装、丝绸服饰、丝绸家纺、丝绸工艺品等各类丝绸制品。

可见,从产品形式来看,杭州丝绸在指代丝织物之外,也指以长丝纤维或丝绸为主原料制作的产品。丝绸与丝绸产品的区别如表2-3所示。

表2-3 从产品形式看丝绸与丝绸产品的区别

范畴	主要构成原料	产品形式	举例
狭义的杭州丝绸	丝纤维	半成品:面料	杭罗、杭纺、织锦
广义的杭州丝绸	丝纤维、丝绸	成品:成衣、家纺、工艺品、文创品	丝绸服装、丝绸家纺、织锦画

综上所述,从产品形式上来看,狭义的丝绸,指的是由纺织纤维织造而成的片状织物——丝织物(即平面产品的面料);广义的丝绸,指的是以长丝纤维或丝绸为主原料制作的成品,例如丝绸服装、丝绸服饰、丝绸家纺(含蚕丝被)、丝绸工艺品和丝绸文创产品等。

本书中,杭州丝绸在产品形式上,采用广义的丝绸概念,既包括工业半成品形式的杭州丝绸面料,也包括工业成品形式的丝绸服装、丝绸服饰、丝绸家纺(含蚕丝被)、丝绸工艺品和丝绸文创产品等。

2.3 产地范畴的杭州丝绸

杭州丝绸产地范畴的界定,关键点在于对产地的理解与认定。本书借鉴了原产地标志对产地的解释。

原产地,原指产品的制造地。后来,随着贸易的国际化发展、公司的跨国性经营,以及生产制造的全球化布局,同一件产品(含配件)在设计、生产和组装等不同环节可能被分散到多个国家或地区完成,原产地的概念也变得多元化。广义的原产地,包括产品的设计地、组装地、关键部件制造地和品牌来源地(联系地)等[109];而狭义的原产地,仅指产品的制造地(即生产加工地)。

本书借鉴了广义的原产地的范畴,同时,将杭州丝绸所在企业品牌的来源地明确为品牌注册地。因此,杭州丝绸的产地范畴是指品牌注册地、产品制造地(即生产加工地)或者关键工艺制造地在杭州。

综合上述关于杭州丝绸的指代性、产品范畴和产地范畴的分析与界定,本书认为:

(1)狭义上的杭州丝绸,指代杭州丝绸产品,包括丝绸面料、丝绸服装、丝绸服饰、丝绸家纺产品(含蚕丝被)、丝绸工艺品及丝绸文创产品等,其主要原材料为蚕丝纤维(蚕丝纤维含量≥50%,不包括缝纫线等辅料),品牌注册地、关键工艺制造地或者生产地在杭州。

(2)广义上的杭州丝绸,除了指代杭州丝绸产品,还指代与杭州丝绸产品相关的杭州丝绸产业、杭州丝绸行业、杭州丝绸文化、杭州丝绸市场、杭州丝绸原产地品牌等。

3 杭州丝绸认知评价影响机理质性分析

本章运用扎根理论研究方法,针对民众如何认知、评价杭州丝绸等问题,以杭州地区的31名丝绸行业从业人员和89名普通消费者为样本,进行深度访谈和质性研究。根据访谈资料,逐级提取与杭州丝绸认知评价相关联的概念、初始范畴、主范畴,分析各主范畴之间的逻辑理论关系,初步构建杭州丝绸认知评价影响机理模型,并提出相关研究假设。

3.1 研究设计

本书采用扎根理论方法进行杭州丝绸认知评价研究,主要源于以下原因:

首先,对于杭州丝绸的认知与评价,属于心理层面的信息。民众在预想、体验、购买或使用杭州丝绸的过程中,会基于多元化的心理感知和复杂的情感感受,形成对杭州丝绸的总体看法。量化研究难以深入挖掘和准确把握民众对杭州丝绸的认知内容和情感态度。

其次,杭州丝绸认知评价影响因素的探索,需要一系列丰富的、接地气的一手资料的支撑,而现有关于丝绸及杭州丝绸认知评价的研究非常有限,调查对象比较单一,基本以消费者为主,缺乏支持本书的原始素材。

最后,扎根理论方法为"从质性资料中生成理论"提供了行之有效的研究手段,支持从现象出发获得对现象的解释。通过对深度访谈获取的杭州丝绸认知评价文本资料进行质性分析,从字里行间提取民众对杭州丝绸的认知内容、评价指标与心理喜好,从中聚类归纳出相关因子,能够满足本书的需求。

3.1.1 研究问题

杭州丝绸作为杭州城市的"金名片",集传统文化与现代时尚于一体。那么,民众是如何看待杭州丝绸的呢?

围绕这一研究内容,需要解决的问题有以下几个:

(1)杭州丝绸的内涵和外延,即杭州丝绸是什么?

(2)民众对杭州丝绸的心理偏好,即他们持何种态度?

(3)杭州丝绸的认知内容和评价指标,即通过哪些内容认知杭州丝绸?通过哪些指标评价杭州丝绸?

(4)杭州丝绸认知评价的影响因素有哪些?

3.1.2　研究流程

本章旨在寻找并厘清杭州丝绸认知评价的影响因素、认知内容、评价指标及作用结果，采用质化研究中的扎根理论方法，通过开放式访谈采集关于"民众如何认知评价杭州丝绸"的一手资料；运用数据编码，从这些质性资料中提取民众对杭州丝绸的认知因子与评价指标、内涵和关联；通过梳理、归纳它们之间的逻辑理论关系，初步形成杭州丝绸认知评价影响机理模型，其构建流程如图3-1所示。

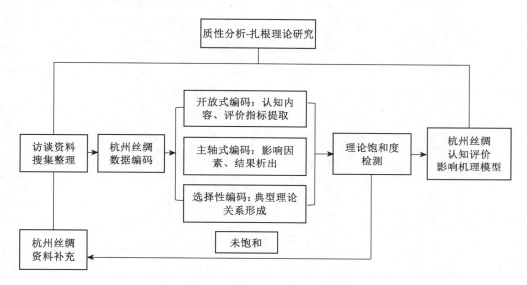

图 3-1　杭州丝绸认知评价影响机理模型构建流程

3.2　杭州丝绸质性资料采集

质性资料来源的可信性、可靠性及有效性，是借助扎根理论研究得出杭州丝绸认知评价关系理论真实有效的前提。笔者采用多渠道搜集质性资料的方式——以深度访谈法获取的一手资料为主，以关于杭州丝绸的学术文献、会议文献、网络评论等形式获取的相关资料为辅。采用三角互证法，对比不同渠道收集的信息，将其相互印证，以确保研究的效度。

3.2.1　访谈资料的搜集

访谈法是扎根理论研究中收集受访者的心理特征及行为表现等质性资料的重要方法之一。采用一对一访谈与焦点团体座谈两种方式，调查民众对杭州丝绸的认知评价。其中，一对一访谈包括笔者对民众的面对面访谈、网络在线访谈及电话访谈。面对面访谈有助于深入了解民众个体，近距离、直接观察受访者的行为举止和神态反应，以探析其对于杭州丝绸产生的内在心理活动，判定其真实想法，并且方便及时调整访谈内容，有助于拓展访谈资料搜集的深度;网络在线访谈和电话访谈在本书中作为深度访谈的辅助手段,它们不仅不受时间和空间的限制,而且有助于受访者在较为轻松的状态下畅所欲言其对于杭州丝绸的真实想法,同时,在实时访谈结束之后,如果受访者有新的想法产生,便于补充与完善,有助于提升数据材料搜集的深度与广度。

3.2.1.1 深度访谈的设计

本书中,深度访谈按照以下三个环节进行:

第一,小样本预调查,旨在设计与优化访谈提纲。围绕"如何认知评价杭州丝绸"这一主题,随机选择丝绸行业协会的工作人员2名、高校从事纺织服装专业教学的教师2名和丝绸市场的消费者6名,采用一对一面对面的方式,进行开放式访谈。

第二,大规模访谈调查,旨在广泛收集一手资料。采用一对一面对面、网络在线与电话访谈等多种方式,运用拟定的访谈提纲(表3-1),进行半结构式访谈。

第三,资料补充阶段,旨在完善原始访谈素材。采用焦点团体座谈的形式,组成4～8人小组,围绕"如何认知评价杭州丝绸"进行发散式研讨,使受访者之间互相激发,拓展思维。

表 3-1　民众对杭州丝绸认知评价的访谈提纲

访谈基本信息					
访谈日期		访谈地点		访谈方式	
受访者信息					
性别		年龄		所属行业		收入		学历	

研究者深度访谈时采用的访谈问题
简要介绍访谈目的之后,进入访谈互动阶段: 1. 提到杭州丝绸,您认为它指什么? 请您给出一些能够描述杭州丝绸的词汇,或者提到杭州丝绸时能够联想到的词汇。   2. 您是否关注杭州丝绸,为什么?   3. 您如何看待杭州丝绸,为什么?   (1) 杭州丝绸在哪些方面令您满意,为什么?   (2) 杭州丝绸在哪些方面有待改进,为什么?   4. 您认为杭州丝绸典型的、需要弘扬的特质是什么?   5. 您期望中的杭州丝绸是什么样子的? 现实中的杭州丝绸是什么样子的?   6. 从您的角度而言,杭州丝绸下一步发展有什么建议?   7. 关于杭州丝绸,您还有其他想法补充吗?

3.2.1.2 深度访谈的目的与内容

访谈围绕民众如何认知评价杭州丝绸展开,旨在了解民众对杭州丝绸的整体看法。正式访谈时,首先向受访者简要介绍访谈目的;然后,按照预先拟定的访谈提纲(表3-1)开始交流互动。如果在访谈过程中,发现受访者对杭州丝绸的认知评价出现新颖的内容时,需要及时调整访谈问题。例如,听到受访者提及杭州丝绸不是传统意义上的装饰性时尚,而是实用至上的时尚这一观点时,进行了及时追问,以捕捉新型时尚的信息。

访谈收集的质性资料包含两部分内容:一是,访谈的基本信息和受访者的人口统计学特征(如性别、年龄、所属行业、收入和学历);二是,受访者对杭州丝绸认知的内容、评价的结果及原因追溯。

3.2.1.3　深度访谈对象的选取

选取访谈对象的核心标准是满足探索杭州丝绸认知评价影响因素的需要。考虑到杭州丝绸受众的多样性,选取访谈对象时需要兼顾不同的人群,对受访者的特征和数量等有一定要求。在理论抽样原则的指导下,明确了本书访谈对象的选择标准:

(1) 受访者拥有杭州丝绸产品的购买或使用经历。

(2) 受访者在人口统计学特征(如性别、年龄、行业、收入、学历、在杭生活时间等)方面有较大差异。

(3) 受访者的数量根据需要逐步抽取、补充。

关于杭州丝绸认知评价的大规模访谈不是一次性完成的,在数据采集和分析过程中,根据需要做了补充调查,直至理论饱和,最终采集访谈数据资料 166 份。

3.2.1.4　深度访谈文本资料样本描述

深度访谈从 2015 年 9 月开始,持续到 2016 年 4 月结束,历时八个月。参与深度访谈的对象一共 166 人,包括 134 名随机抽取的消费者和 32 名在杭州丝绸产业链上从事生产、设计、销售、管理及研究的相关专业人员,以便于从不同视角挖掘民众对杭州丝绸的认知评价。

笔者根据受访者的回答进行不同程度的互动和追问,访谈时间通常为 20～30 分钟/人。同时,经受访者允许做了录音,共收集录音资料时长 74 小时 42 分钟,平均 27 分钟/人;获得访谈记录 166 份,文字资料 45.76 万字。焦点团体座谈开展 12 次,每次控制在 30～50 分钟,参与人数 56 人次,收获访谈记录 12 份,文字资料 23.32 万字。

3.2.2　辅助资料的搜集

网络评论资料、学术文献及杭州丝绸相关的会议记录材料等,作为质性研究资料的补充,在研究后期用于饱和度检验。互联网的快速发展和手机 APP 的便捷操作,使民众不仅可以通过网络平台随心所欲地选择心仪的商品,还可以随时随地地分享、反馈使用体验。网络评论是民众个体经验的呈现,能够较为真实地反映产品体验及内心情感[110]。因此,越来越多的学者倾向于将网络评论作为质化研究的原始资料。

目前,呈现关于杭州丝绸评论的网络平台主要有官方媒体(官方报道、时尚资讯)、自媒体(微博、微信、博客)、网购平台(品牌官网、天猫旗舰店、京东商城、唯品会、网易严选、聚美优品)、网络社区(论坛、大众点评、小红书),以及抖音、快手等直播平台。本书主要以大众点评购物频道、天猫官方旗舰店和京东商城等作为杭州丝绸网络评论文本收集平台。以杭州丝绸作为主题词,在三个平台分别搜索到413条、272条、34条信息,如表3-2所示,共计719条杭州丝绸网络评论文本评论信息。每位评论人的评论内容信息用"B+序号"的形式命名。由于评论人的个人信息不全,此部分资料主要用于辅助检验饱和度,即是否会产生新的认知内容、评价指标、情感态度等原始概念。

表3-2 网络评论文本样本分布

源于大众点评购物频道的网络评论文本									
具体评价对象	杭州中国丝绸城	丝瑞宝丝绸购物中心	都锦生丝绸	杭州丝绸丝展有限公司	丝绸之都购物中心	天蚕丝绸	中国丝绸博物馆	丝绸之府	万事利丝绸	其他
数量(条)	140	78	49	30	27	25	15	14	12	23

源于天猫官方旗舰店及京东商城的网络评论文本									
具体评价对象	天堂故事	天荷	绮臣	伊丝绘坊	万事利	都锦生	桐石	美标	蚕美人	其他
数量(条)	76	54	53	46	32	14	7	2	2	20

注:由于京东商城的杭州丝绸品牌与天猫官方旗舰店高度重合,且追评文本较少,不单独列出

以大众点评购物频道为例,搜集文本资料的路径是官网"大众点评"、地点"杭州"、搜索"杭州丝绸"、频道"购物"、分类"不限"、地点"不限",然后点击展开"点评"内容。天猫官方旗舰店与京东商城上以"杭州丝绸"为主题词搜索到的信息比较杂乱,筛选方法参考如下:①有线下品牌,且注册地在杭州;②网络店铺销售地"浙江省,杭州市";③评价中的"追评"文本,且评价内容完整。学术文献主要指与丝绸认知相关的期刊文章、学位论文,以及与丝绸相关的国家标准等资料。

文献资料主要为中国知网、中国丝绸标准网、维普、万方等数据库中与丝绸认知相关的期刊文章、学位论文、国家标准与行业标准等。这一阶段,特别强调继续保持开放、灵活的态度,避免文献资料的学术性"先入为主"影响判断力,需要同等看待文献和访谈资料的价值。

会议文献主要源于杭州市丝绸行业协会、杭州丝绸文化与品牌研究中心的相关内部资料,收集整理杭州丝绸产业核心价值观研讨会、申报杭州丝绸国家地理标志产品保护历次讨论会,以及年会、理事会等与杭州丝绸认知评价相关的内部会议记录资料。

3.2.3 资料有效性检验

真实有效的原始资料是扎根理论研究的基础,为了保证搜集文本的典型性和有效性,以原始资料所含信息的内容真实性、完整性和独创性为依据,剔除不符合条件的文本资料,最终确定一对一访谈记录142份、焦点团体座谈记录7份、网络评论文本19份、会议研讨记

录 7 份,合计 175 份。其中,随机选取 110 份资料进行编码分析(含一对一访谈资料 99 份、焦点团体座谈记录 3 份、会议研讨记录 2 份和网络评论文本 6 份),其余 65 份资料用作饱和度检验。质性文本资料样本描述信息详见表 3-3。

表 3-3　质性文本资料样本分布

受访者信息		人数	百分比	受访者信息		人数	百分比
性别	男	48	40.28%	年龄	25 岁及以下	12	10.19%
	女	72	59.72%		26~35 岁	33	27.31%
学历	专科及以下	36	30.09%		36~45 岁	35	29.17%
	本科	55	45.83%		46~55 岁	28	23.61%
	研究生及以上	29	24.07%		56 岁及以上	12	9.72%
收入	3500 元及以下	17	14.35%	是否从事丝绸行业	是	31	25.83%
	3501~6000 元	28	23.61%		否	89	74.17%
	6001~10 000 元	44	36.11%	资料来源	面对面访谈	80	66.67%
	10 000 元以上	31	25.93%		网络在线访谈	12	10.00%
在杭生活时间	1 年及以下	13	11.11%		电话访谈	7	5.80%
	1~3 年	19	16.20%		焦点团体座谈	19	15.83%
	4~10 年	32	26.39%		网络评价	6	5.00%
	11~20 年	38	31.48%		会议研讨	32	26.67%
	20 年及以上	18	14.81%		—	—	—

注:110 份资料共涉及 120 位受访者,因为一对一访谈、焦点团体座谈与会议研讨人员中有 36 位重叠受访者,该信息主要反映在"资料来源"一栏;将焦点团体座谈记录与会议研讨记录中的信息归于相应的受访者名下,即 120 位受访者对应 120 份访谈资料

最后抽取的质性文本资料的样本信息显示:参与调查的男性与女性的比例约为 4:6,男性占比低于女性,这与丝绸产品的消费者以女性为多有关,调查对象在性别比例分布上基本合理;从年龄分布来看,不同年龄区间的人群占比基本呈现正态分布,说明样本具有一定的普遍性;从学历水平来看,本科学历的人群占比最高,符合实际情况;从是否从事丝绸行业来看,样本中包括丝绸行业相关从业人员 31 人、普通消费者 89 人,比例约为 1:3,能够较为全面地反映杭州丝绸认知评价情况;月收入水平、在杭生活时间基本符合正态分布,涉及了不同区间的群体,说明样本在整体结构上分布较为合理,具有代表性。

研究借鉴 Boyatzis 等[111]提出的质性数据编码的信度计算公式,进行信度检验:

$$信度 = \frac{n \times 相互同意度}{1 + (n-1) \times 相互同意度} \quad (3-1)$$

其中：
$$相互同意度 = \frac{2M}{N_1 + N_2 + \cdots + N_n} \qquad (3-2)$$

式中：

n 代表编码人数（由于访谈收集的质性资料过于庞杂，笔者邀请了 2 位研究生协助编码，因此，$n = 3$）；

M 代表编码人员相同的编码数（本书中，三位编码人员编码一致的数量为 652，因此，$M = 652$）；

N_n 代表第 n 位编码人员的编码参考数（本书中，$N_1 = 728$，$N_2 = 697$，$N_3 = 702$）。

通过计算得出，数据编码信度 $= 0.826$（> 0.70），编码信度较高，数据有效。

3.3　杭州丝绸数据编码

数据编码是质性研究进行数据分析的过程，包括开放式编码、主轴式编码和选择性编码三个步骤，如表 3-4 所示。

表 3-4　扎根理论三级编码

	编码	作用	本书应用
第一级	开放式编码	指认现象，界定概念，发现范畴、聚敛问题	原始概念提取：提取杭州丝绸的认知内容、评价指标、影响因素、情感态度等关键词，并进行初步分类
第二级	主轴式编码	识别并构建研究目标下各范畴之间的相互作用关系	影响因素形成：根据不同类属关系，将开放式编码继续聚类、组合，找出主范畴
第三级	选择性编码	确立核心类属，并将其他类属串联成整体	典型关系提炼：确立核心范畴，寻找主范畴与核心范畴之间的关系理论

3.3.1　开放式编码

原始概念提取，即采用开放式编码的方式，从访谈资料中提取与杭州丝绸相关的认知内容、评价指标、情感态度等关键词语。开放式编码使用"概念"表示原始资料中的社会现象[112]，并界定类属。本环节分两步实施：

（1）赋予概念。将收集的杭州丝绸访谈资料进行离散化处理，借助质性分析软件 NVivo11.0，提取出现频次多的关键词语，并赋予其"概念"，如"花型""纹理""色彩""图案"等。

（2）界定类属。提取出来的各个"概念"之间存在意义上的交叉重叠，如人们认为丝绸是"天然材料""可降解""碳足迹""安全性"等原始概念，它们在意义上都是指产品的绿色可回收性，从而进一步将这些相同类别的"概念"聚拢在一起，形成"初始范畴"，如环保型产品。

在开放式编码过程中,针对每个涉及杭州丝绸认知评价的语句或者事件贴上标签,从杭州丝绸认知评价的原始资料中共发展出 915 个概念,进行归纳、分类、整理,从而提炼出质量、价格、设计、情感倾向等 71 个初始范畴。如此一来,将研究对象由庞杂散乱的文本资料聚拢转化为"概念"与"初始范畴"。开放式编码分析示例见表 3-5。

表 3-5 开放式编码分析示例

原始语句	概念	初始范畴
A2 丝绸给人的整体感觉是高级的、雍容华贵的,有明显的产品特征。这就要求专业人员设计开发——只有懂丝绸的内在气质,才能设计出符合丝绸气质的花型图案、纹理结构和面料风格等	雍容华贵;高级感;花型;纹理;图案;风格;设计研发	设计创新能力
A26 丝绸服装款式过气,面料图案不好,真可惜了这么好的面料	丝绸服装;款式;过气;面料;图案	
A33 市面上的丝绸服饰,花型设计要么仿制国外花型,要么就是老的传承,创新很少	丝绸服饰;花型;设计;传承;创新少	
A45 近年来,丝绸服装在国内销售占比一直很小,最主要的原因是设计不够大众化	设计;不够大众化;销售占比小	设计创新能力
A87 市场上的真丝服饰款式太单一了,不够时尚、也不够年轻化,色彩么,又太艳丽了,花花绿绿的,怎么穿呢?	真丝服饰;款式;单一;不够时尚;不够年轻;色彩;艳丽;花花绿绿	
A90 丝绸在中国的开发不够,只停留在做旗袍、睡衣、围巾等产品应用上,非常缺乏时尚元素。因此,大多是阿姨妈妈们的所爱,缺乏年轻消费群体的拥戴,也许根源在于丝绸面料的花色、工艺需要改良成适合时尚而又快节奏的现代人需要,才会有更大的市场	开发不够;旗袍;睡衣;围巾;缺乏时尚元素;阿姨、妈妈;年轻消费群体;丝绸面料;花色;工艺;时尚;快节奏	
A145 可以让人眼前一亮的丝绸设计产品太少了	设计	

开放式编码过程的实施,参照以下原则:一是,原始资料的有效性;二是,赋予的"概念"贴近原始内容,可以直接采用受访者的原始语言、词语初步命名,例如,根据原始语句"A2 丝绸给人的整体感觉是高级的、雍容华贵的,有明显的产品特征。这就要求专业人员设计开发——只有懂丝绸的内在气质,才能设计出符合丝绸气质的花型图案、纹理结构和面料风格等",赋予"花型""风格""纹理""高级的""雍容华贵的"等原始概念,暂不必考虑命名的合理性;三是,逐句逐词分析杭州丝绸认知评价的原始资料,避免遗漏重要信息,本书采取以自动编码为主、手工编码为辅的方式;四是,快速分析与资料相关的概念的类属,将其重新划分、归属或者补充新的案例、资料,直到数据饱和,例如"成分不足""以次充好""掺假使杂"等概念归属于初始范畴"蚕丝含量"。

在这一过程中,研究者需要放下对杭州丝绸原有的个人偏见和已有的固定思维,采用完全开放的态度,立足于杭州丝绸认知评价文本资料,从中识别与提取概念(认知内容、评价指标、情感态度)、界定类属(初始范畴),并找出每个类属的维度和指标的目的。在此过程中,始终牢记研究的初始目的:探寻杭州丝绸认知评价的影响因素(认知内容和评价指标),同时,也要为那些从数据编码过程中得出的意料之外的新信息留有余地,及时做好备忘录。

3.3.2 主轴式编码

通过主轴式编码方法,对开放式编码环节所形成的初始范畴进行提炼与区分,聚类成更高层次的主范畴。

本书通过主轴式编码,将开放式编码阶段形成的 71 个初始范畴进一步分析、归纳与整合,进而聚类成 9 个更高层级的主范畴,具体见表 3-6,其中,表格中的数字代表该范畴在编码过程中出现的频次。

表 3-6 主轴式编码

层面	主范畴	频次	子范畴	频次	初始范畴	频次	概念举例
个体	产品知识	313	经验知识	166	购买经验	75	购买频率、购买渠道
					使用经验	52	拥有数量、适用季节、适用人群、适用场合
					鉴别能力	39	丝鸣、燃烧、灰烬、火焰、气味、光泽
			专业知识	147	舒适性	52	吸湿性、透气性、散湿性、抗静电性、亲肤性
					美观性	31	光泽、色泽、起毛起球性
					使用便利性	26	洗可穿、难打理、易皱、洗涤保养、存放、无皱不真丝
					耐用性	25	耐磨性、耐洗性、耐晒性、缝合牢度、水洗牢度、色牢度
					保健性	13	知道能够缓解干皮症、皮肤瘙痒
	关联信息	167	获取渠道	75	电子媒介	32	电视、广播、网站、自媒体、购物平台、网络社区
					人	17	朋友、导游、同学、专业人士
					事物	15	体验活动、丝博会、讲座、论坛、店铺活动、社团活动
					纸质媒介	11	报纸、刊物、杂志、专业文献
			媒体报道	52	正面信息	42	舆论、报道
					负面信息	10	蚕丝被负面新闻
			行业企业推介	40	企业促销	26	店铺宣传、广告促销
					行业推介	14	消费观念普及、宣传推介

（续表）

层面	主范畴	频次	子范畴	频次	初始范畴	频次	概念举例
产品	产品表现	509	质量	165	蚕丝含量	65	面料、蚕丝被、工艺品；偷工减料、成分不足、以次充好、掺假使杂
					工艺质量	49	印染质量、造型质量、缝纫质量、裁剪质量
					面料质量	33	强度、耐光性、色牢度、保形性
					包装质量	18	包装盒、礼品袋、大气的、上档次的、高端的、精美的、太重
			设计创新能力	144	设计感	42	（风格、版型、款式、色彩、图案、花型等）富有设计感的、典雅的
					品类丰富性	41	（丝绸服装、丝绸服饰、丝绸家纺产品、丝绸工艺品、丝绸文创产品、丝绸保健品、丝绸面料等）品类齐全的、丰富的、多样的
产品	产品表现	509	设计创新能力	144	时尚感	37	（色彩、风格、花型、纹理、图案、材质、质地等）时尚的、过时的、老气的、艳丽的、俗气的、大众化的、实用至上的
					创新性	14	（品种、外观、功能、材质、面料、色彩等）新颖的
			性能	113	自然属性	62	舒适性(柔软的、透气的、滑爽的、不闷的)；美观性(视觉美观的、光泽柔和明亮的、优雅悦目的)；耐用性(易缩水的、易勾丝纰裂的、易发黄变脆的、易褪色的)；保健性(天然、绿色、环保、生态、养颜护肤、健康、防螨、防霉、抗菌、抑菌、抗过敏、抗紫外线辐射、吸附有害气体、吸声性、吸尘性)；使用便利性(难打理、洗涤保养存放麻烦、易产生水渍、易皱、无皱不真丝)
					社会属性	51	功能用途、使用场合、适用季节、适用人群、适用性广、有面子、用作礼品
			价格	87	价格公正	40	品质与价格成正比、性价比高的
					产品价位	31	价格高的、适当的、合适的、可以接受的
					保价能力	16	保价能力、优惠活动、越来越贵、没有随意降价

层面	主范畴	频次	子范畴	频次	初始范畴	频次	概念举例
企业品牌	品牌表现	215	品牌定位	97	品牌层次	39	高端的、平价的、国际化的、平民化的、品牌多、品牌可选性多
					目标群体	30	中老年化、年轻化的、有差异的
					品牌风格	28	民族的、世界的、传统的、时尚的、设计师引领的、消费者主导的
			形象识别	82	企业品牌识别	61	万事利、都锦生、达利、凯喜雅、喜得宝、金富春、经纶堂、绮臣、天堂故事、烟霞、美标、金鹭、杭丝坊、永达兰、华泰、丝绸人家
					行业品牌识别	21	高档丝绸标志、国家地理标志、中华老字号、易识别性
			品牌潜力	36	成长潜力	25	有潜力、成长型品牌、发展型品牌
					市场占有率	11	门店多
门店	服务表现	256	服务周到	69	讲解服务	30	讲解服务、提供配饰（如丝巾扣）、满足特殊需求、个性化定制、邮寄
					产品教程	24	电子教程、使用视频、丝巾系法视频
					购买便利	15	消费者虚拟社区、同步线上线下营销、交通便利、支付便利、一站式配齐
			服务专业	63	搭配建议	25	搭配建议、推荐合适产品、专业眼光
					操作演示	22	现场操作演示
					传授知识	16	如何洗涤、怎样存放、着装注意事项
			服务保障	48	反馈及时	20	投诉反馈及时
					无理由退换	16	无理由退换、三天退换
					保障模式	12	售后保障、产品和服务安全可靠、保障手册
			服务态度	40	员工素质	18	员工素质、值得信赖、信息真实有效、积极
					消费体验	12	消费体验、试穿体验
					热情细致	10	热情细致、积极、提供帮助、提供可靠信息
			店铺形象	35	昭示性强	15	店招易识别、醒目
					流线合理	12	布局合理、导向性强
					环境优美	8	环境优美、古典、优雅、韵味、古色古香、陈列美观

层面	主范畴	频次	子范畴	频次	初始范畴	频次	概念举例
行业企业	社会责任	175	消费者责任	78	产品和服务	56	积极创新、提供更好的产品
					对待消费者	22	公平对待每一位消费者、售后有保障
			环境保护责任	47	环保型产品	24	可降解材料、天然材料、碳足迹、安全性产品
					无污染生产	12	积极减少环境污染、循环利用、无污染生产、无负担、染料
					环保理念	11	赞助环保行动、宣传环保理念、环保意识、保护环境、重视环境保护
行业企业	社会责任	175	民族文化传承责任	26	文化传承	26	弘扬丝绸文化、传承丝绸技艺、传承民族文化
			公益慈善责任	24	公益慈善责任	24	帮助解决社会问题(就业)、关爱弱势群体、参与慈善捐助(困难地区、爱心助学、将部分利润回报社会)、支持公益事业
文化	文化表现	307	文化载体	139	现代记忆	58	中国丝绸博物馆、都锦生织锦博物馆、万事利丝绸博物馆、杭州中国丝绸城、笕桥、浣纱路、特色产品(织锦、杭绣)、名人故居、临安、忠清巷、红门局、观成堂、明宅
					织造技艺	27	杭州织锦织造技艺、杭罗织造技艺、余杭清水丝绵制作技艺、杭绣、振兴祥中式服装制作技艺
					主题活动	17	丝绸博览会、丝绸论坛、讲座、体验活动
					文物古迹	16	观成堂、蚕织图、绸业会馆、明宅
					历史名人	10	都锦生、白居易、丁丙、丁甲、林启
			文化寓意	101	象征寓意	55	展现个性:品味修养、象征身份地位、展示个人风格、凸显古典韵味、象征女性特质;社会象征:高档的、贵族的、有面子、雍容华贵
					符号意义	16	杭州、金名片、杭州文化、杭州原产地文化、中国国粹、中国制造、中国元素、中国符号、传统特色、民族骄傲、传统文化特色、文化底蕴深厚
			历史属性	62	历史发展	40	发展持续性、南宋
					历史起源	22	历史悠久、五千年的历史、稻田文化、良渚文化、农耕文明

层面	主范畴	频次	子范畴	频次	初始范畴	频次	概念举例
民众	整体评价	171	情感倾向	96	情感倾向	96	感兴趣、向往、关注、喜欢、情结、正宗的、有魅力
			理性认知	75	理性认知	75	有名气、地位高、口碑好、规模大、产业链完整、知名度高、美誉度好
民众	行为意愿	115	趋近型	88	趋近型	88	重复购买、一直用、分享、推荐、成为常客、再次选择
			趋远型	27	趋远型	27	不敢购买、不想了解

由主范畴编码可知，与民众对杭州丝绸认知评价相关的主范畴有 9 个：产品知识、关联信息、产品表现、服务表现、品牌表现、社会责任、文化内涵、整体评价和行为意愿。接下来，根据杭州丝绸访谈资料质性分析的结果，分别描述每个范畴的编码情况；同时，结合相关文献资料，对各主范畴进行学术定义。

3.3.2.1 产品知识

产品知识是指与产品相关的信息，包括产品熟悉度、产品专业知识和产品购买经验[113]。在本书中，产品熟悉度是指民众对丝绸产品或服务等相关知识掌握程度的自我主观评价，如"我比较了解蚕丝织物的性能和特点"；产品专业知识是指储存于民众记忆中的信息量、形式与组织方式，它客观地反映了民众实际拥有的关于蚕丝纤维及蚕丝织物性能特征的知识，如"我知道蚕丝织物不能用一般的洗衣粉和肥皂，简单处理的话，用沐浴露洗涤就可以了"；产品经验是指民众购买或者使用丝绸产品后积累的经验，它是购买或使用等行为意愿发生之后的客观结果，如"长期使用丝绸睡衣，我已经摸索出来怎样便捷地洗晒"，这是对过去产品知识的累积[114]。

围绕蚕丝纤维及其织物产品知识，对 120 份原始访谈资料进行编码分析，分别提炼出经验知识与专业知识 2 个子范畴和 8 个初始范畴，具体如图 3-2 所示。其中，经验知识包括丝绸产品的购买频率、购买渠道等购买经验，适用人群、适用季节和适用场合等使用经验，以及"丝鸣""灰烬""光泽"等民众对蚕丝纤维及丝绸织物的鉴别能力；专业知识指民众对蚕丝纤维及其织物的性能特点的了解程度，提及较多的有舒适性、美观性、保健性及耐用性与便利性。

编码结果显示，经验知识与专业知识共同影响民众对杭州丝绸的整体评价，而且从编码频次的数量来看，经验知识的影响作用略高于专业知识。结合访谈资料，这可能是因为民众的专业知识相对匮乏，对杭州丝绸的整体评价在很大程度上依赖于自身的经验知识，尤其是购买经验。

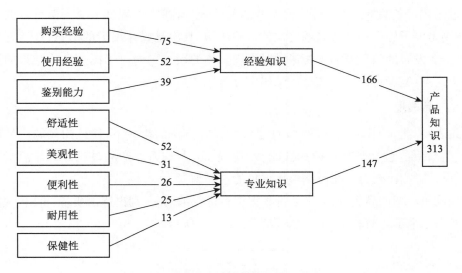

图 3-2 产品知识编码模型框架

3.3.2.2 关联信息

关联信息在本书中涵盖了民众所接收到的与杭州丝绸产品、品牌、文化等相关的信息。信息在本书中泛指社会传播的与杭州丝绸相关的内容,它并非杭州丝绸本身,但是能够影响人们对杭州丝绸的主观认知。正如访谈中民众提及"偶然在车载电视上看到'世界丝绸看中国,中国丝绸看杭州',感觉杭州丝绸很厉害",民众接触到的信息会影响他们对杭州丝绸的整体评价。

关于关联信息在杭州丝绸整体评价中的影响作用,对 120 份原始访谈资料进行编码,分别提取了信息获取渠道、媒体报道和行业企业推介 3 个子范畴和 8 个初始范畴,具体如图3-3所示。

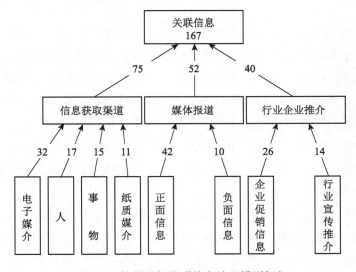

图 3-3 杭州丝绸关联信息编码模型框架

通过编码分析发现,民众对杭州丝绸的整体评价,在很大程度上受到信息获取渠道的影响,特别是电子媒介和身边亲朋好友的口碑传播;其次是媒体报道的影响;然后是杭州丝绸行业、企业发布的信息影响。访谈同时发现媒体的舆论导向对于民众评价结果的影响重大。关于这点,笔者将在后续选择性编码中分析。

3.3.2.3 产品表现

产品表现,是设计者在一定的设计思维和设计方法的指导下,使杭州丝绸产品所展现出来的综合特征,包括杭州丝绸的性能、外观、色彩、材质等。产品是设计师与消费者沟通的桥梁,也是影响民众对杭州丝绸整体评价的重要因素。

围绕杭州丝绸产品表现,对 120 份数据资料进行编码,分别提炼出质量、价格、性能和设计创新能力 4 个子范畴和 13 个初始范畴,如图 3-4 所示。

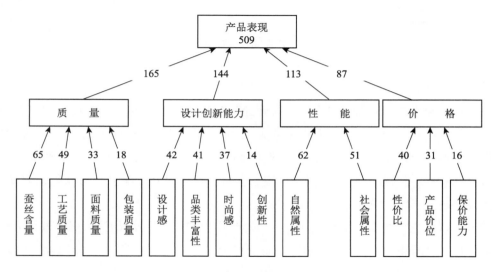

图 3-4　杭州丝绸产品表现编码模型框架

经过编码分析发现,民众对杭州丝绸产品表现的认知,是通过蚕丝含量、工艺质量、面料质量和包装质量等质量表现,性价比、产品价位和保价能力等价格表现,自然属性和社会属性等性能表现,以及品类丰富性、设计感、时尚感和创新性等设计创新能力,即多方面内容表现出来的综合特质而形成的整体印象。根据编码数量,民众最关注的内容是质量,其次是杭州丝绸产品的设计创新能力、性能,最后是价格。

蚕丝纤维特殊的物理化学性能,使丝绸制品兼具舒适性与观赏性。民众对丝绸新产品的开发与使用充满期待。特别是服装服饰类产品的时尚性与流行性特点,使杭州丝绸设计创新能力显得更加重要。

民众对杭州丝绸创新设计能力的认知评价,首要关注的是丝绸服装服饰设计,包括其风格、款式、结构、色彩与图案等;其次是丝绸产品品类的设计开发,包括服装服饰类、家纺类、工艺品类、文创类等已知产品类别,期待开发新的产品类别;然后是丝绸面料设计,包括其色彩、图案、花型、纹样、材质成分、品种质地等；最后，对于丝绸保健用品、文创礼品等产品设计的关注度也比较高，但是单独的产品类别关注频次较少，所以没有列出具体类目。

丝绸服装服饰产品重视设计感，不仅仅是面料花型设计。面料花型设计只是其中一个比较明显的内容。例如，丝绸围巾类产品细节的新造型、新功能，如图3-5所示，在披肩的双面工艺之外，辅以盘扣设计，延伸了产品的使用功能，俨然变身为一件独特的外套，赢得了消费者的喜爱。

图 3-5　真丝围巾的盘扣设计

3.3.2.4　服务表现

服务是一种无形活动，向顾客提供的是一种满足感，一般用服务质量衡量。Gronroos（1984）、Parasuraman 等（1989）认为，服务质量是顾客将"体验服务人员提供服务之后的知觉"（即感知服务质量）与"体验服务人员提供服务之前的期望"（即期望服务质量）做比较以后，得到的个人主观评价[115]。

由此可见，服务质量包含三层内涵：一是服务质量是主观的，所谓产品有形、服务无形；二是服务质量依靠体验评定，包括服务期望、服务过程和服务结果；三是服务质量是比较差异程度之后的评价。Brady 和 Cronin（2001）认为，服务质量除了包含结果质量和交互质量，还包括有形的环境质量。

根据访谈结果，民众对杭州丝绸服务表现的具体认知内容，可以从售前服务、售中服务和售后服务等三个阶段分析。每个阶段的服务期望如表3-7所示。

围绕民众对杭州丝绸服务表现的认知，对120份原始访谈资料进行编码，分别提炼出服务周到、服务专业、售后保障、服务态度和店铺形象5个子范畴和对应的15个初始范畴，具体如图3-6所示。

表 3-7　民众对杭州丝绸服务质量的期望

服务阶段	服务诉求
售前	提供讲解服务 推荐合适产品 提供专业建议 现场操作演示 提供个性化服务,如定制
售中	提供产品使用视频,如丝巾系法的册子、图片及视频 提供相关产品配饰,如丝巾扣 提供全套服装搭配指导
售后	传授丝绸洗护保养知识 能够满足特殊需求,如邮寄、建立消费者虚拟社区 投诉及时处理 退换货有保障
员工 及环境	员工有素质,消费体验良好,热情细致 店铺氛围、环境文雅,有品位 再次购买便利,如有网络销售平台、实体店交通便利、支付便利等

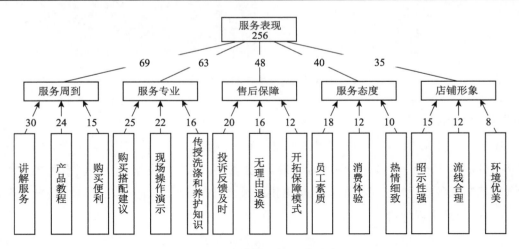

图 3-6　杭州丝绸服务表现编码模型框架

　　通过编码分析可知,民众对杭州丝绸服务表现的认知内容包括:提供讲解服务、产品教程、购买便利等服务周到性;提供购买搭配建议、现场操作演示及传授洗涤和养护知识等服务专业性;投诉反馈及时、无理由退换及售后有保障等服务保障性;员工素质、消费体验和热情细致等服务态度;昭示性强、流线合理、环境优美等店铺形象。由编码数量来看,5 个子范畴的重要程度依次是服务周到、服务专业、售后保障、服务态度和店铺形象。

　　从访谈资料获悉,民众对杭州丝绸的认知评价与自身的消费体验经历有关,而消费体验不仅包括产品质量的体验,更包括服务质量的体验。门店是面向社会公众的直接窗口,其服务质量直接影响民众对杭州丝绸的整体评价。在追求体验式消费的时代,服务质量的影响力不亚于产品本身,杭州丝绸可以通过提高服务质量来提升产品附加值和社会评价。

3.3.2.5 品牌表现

品牌表现,在本书中指企业品牌的表现。品牌是民众对杭州丝绸产品及产品系列(包括产品的名称、品质、价格、包装及历史与文化等)的认知。

围绕杭州丝绸品牌表现,对 120 份数据资料进行编码,分别提炼出品牌定位、形象识别和品牌潜力 3 个子范畴和 7 个初始范畴,如图 3-7 所示。

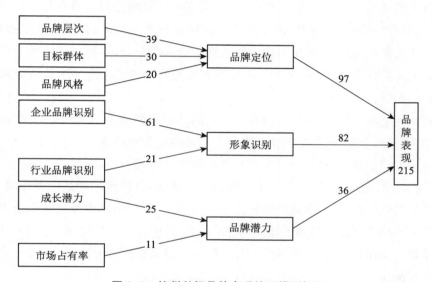

图 3-7 杭州丝绸品牌表现编码模型框架

经过编码分析发现,民众对杭州丝绸品牌表现的认知,主要通过品牌层次、目标群体、品牌风格等差异化的品牌定位,企业品牌识别和行业品牌识别等形象识别,以及成长潜力和市场占有率等品牌潜力三项内容展开。评价指标有多样性、知名度、定位合理、易识别性和市场潜力,其中,多样性是指企业品牌多,能够满足不同需求的消费群体;知名度受益于杭州丝绸悠久璀璨的产业历史,以及行业内的众多优秀企业、标杆和旗帜品牌,如万事利丝绸、都锦生丝绸;定位合理,意味着杭州丝绸企业品牌的档次和风格能够满足不同的消费群体;市场潜力,则是民众对杭州丝绸发展潜力的判断。

从品牌层次而言,开放式编码提取了"高端的"与"平价的",以及"国际化的"与"平民化的"两组相互关联的原始概念;从目标群体而言,开放式编码提取了一组相互关联的原始概念,即"偏中老年群体的"与"偏年轻群体的";从品牌风格而言,开放式编码提取了一组相互关联的原始概念,即"传统的"与"时尚的"。从开放式编码数量来看,民众倾向于认为杭州丝绸是"高端的""民族的""平民化的""传统的""偏中老年群体的"。

从服装消费心理学分析,丝绸服装的光泽、质感与风格,能够给着装者带来强烈的心理满足感,理应受到年轻群体的青睐。但是,年轻群体认为丝绸产品不适合他们,原因在于:

一是,年轻人倾向于追逐潮流,喜欢新颖的、时尚的产品,而丝绸服装给人的感觉是"款式、颜色老气";二是,丝绸产品的价格相对较高,"穿不了几次就过时了,没必要买这么贵的";三是,丝绸产品难以打理,"难洗""易皱""洗衣机洗不得""太阳晒不得",没有时间打理。同时,年轻人认为老年人喜欢丝绸产品的原因:一是源于丝绸自身的贵气,"丝绸自带奢华之感",只有阅历丰富的老年人才能够驾驭;二是丝绸的舒适性,非常柔软,适合年龄大的人使用;三是老年人有时间——不仅有时间呵护丝绸,而且使用丝绸产品的人在生活中特别有仪式感,家里收拾得一尘不染,东西摆放得井井有条。

中老年人群倾向于追求产品的舒适性与品质感——丝绸面料高贵典雅、舒适保健的独特气质与该群体比较匹配。同时,由于蚕丝纤维原材料成本高昂,其成品价格相对于其他材质的同类产品至少高出 2～3 倍。中老年人群的收入相对稳定,相对于青年群体而言,更能够在经济上支持自己的选择。因此,从丝绸服装的外观设计与产品定价两方面而言,受访者普遍认为更适合中老年群体。

在杭州丝绸企业品牌中,民众提及频次较高的品牌有都锦生、万事利、达利、凯喜雅、喜得宝、金富春、美标、金鹭、烟霞和天堂故事等。访谈在杭州地区进行,受访者对杭州及杭州特色产品有一定的了解,虽然受访者中也有外地游客,但他们对杭州旅游、消费及伴手礼等做过相应攻略。这就相当于赋予了样本一定的初始认知,对杭州丝绸品牌表现的认知评价偏于理想化。研究后期,笔者通过网络社交平台邀请了 20 位浙江省外的被调查者,请他们从这些备选的杭州丝绸企业品牌中选择知道的品牌,其中,有 12 名被调查者选择了"没有听说过这些品牌"。杭州丝绸在品牌推广与知名度提升方面任重道远。

3.3.2.6　社会责任

"社会责任"是从深度访谈资料中提取的主范畴,其中"传承民族文化"这一认知内容是一个比较意外的收获。它意味着民众对杭州丝绸的关注,已经不再局限于产品、服务和品牌等与自身利益密切相关的因素,还关注行业企业对社会的贡献这种精神层面的因素,也反映了民众对"杭州丝绸"拥有较高的心理期待。

社会责任是指经营者在创造利润的同时,对社会、环境和消费者等考虑并承担的责任,如经济责任、法律责任和环保责任等[116]。刘华平等[117]从经济、社会、自然等关系出发,构建丝绸企业社会责任评价指标体系,包括 3 个维度、6 个细项、19 条测量指标,其中,与本书相关的有社会关系维度下的公益责任及自然关系维度。

围绕民众对杭州丝绸行业企业社会责任的认知,通过对 120 份原始资料进行编码分析,分别提炼出消费者责任、环境保护责任、文化传承责任和公益慈善责任 4 个子范畴和 8 个初始范畴,如图 3-8 所示。其中,消费者责任包括持续提供高品质的产品和服务及公平对待每位消费者 2 个要素;环境保护责任包括提供环保型产品、积极减少环境污染和向公众宣传环保理念 3 个要素;文化传承责任指的是对中国传统丝绸文化的传承与发展;公益慈善责任包括关爱弱势群体和支持公益事业 2 个要素。

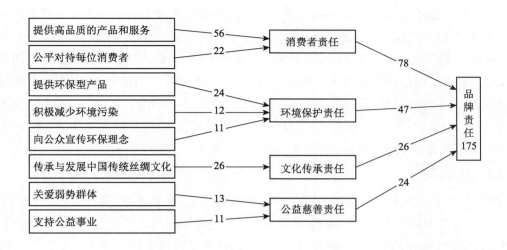

图 3-8　杭州丝绸社会责任编码模型框架

3.3.2.7　文化内涵

　　杭州丝绸文化内涵指杭州丝绸所蕴含的精神、行为、制度、物质等方面的文化现象[118]。围绕民众对杭州丝绸文化内涵的认知,通过对 120 份原始资料进行编码分析,分别提炼出文化载体、文化寓意和历史属性 3 个子范畴和 9 个初始范畴,如图 3-9 所示。

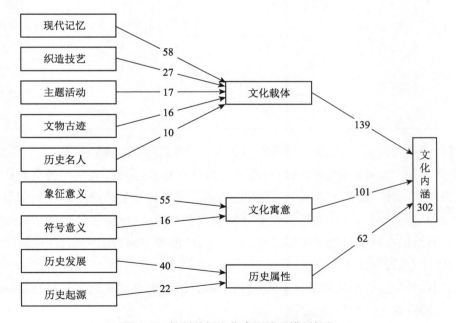

图 3-9　杭州丝绸文化内涵编码模型框架

　　文化载体是承载杭州丝绸文化的具体物质或事物,研究提取出有关杭州丝绸的现代记忆、织造技艺、主题活动、文物古迹和历史名人 5 个认知内容;文化寓意指民众赋予杭州丝绸的精神意义,主要包括象征意义和符号意义2个认知内容;历史属性指杭州丝绸产业的发展历史,包括历史发展和历史起源2个认知内容。

其中,比较复杂的认知内容是民众对文化寓意中符号意义的认知。一方面,杭州丝绸代表了杭州的原产地文化、杭州文化、杭州的金名片;另一方面,中国丝绸是中华民族的文化遗传基因,民众对杭州丝绸文化寓意的理解延续了中国丝绸的意义,例如中国国粹、中国制造、中国元素、中国符号、传统特色、民族骄傲、中国传统文化、民族文化等;而象征意义是基于丝绸的性能特点、历史用途等因素衍生出来的,如"高贵的""高档的""有面子"等。

4.3.2.8　整体评价

整体评价是民众基于对杭州丝绸产品知识、关联信息、产品表现、品牌表现、服务表现、社会责任、文化内涵等多方面的认知,从而对杭州丝绸产生的内心评价。通过对120份原始资料进行编码分析,围绕杭州丝绸整体评价,分别提炼出情感倾向和理性认知2个初始范畴,如表3-8所示。

表3-8　杭州丝绸整体评价三级编码

主范畴	频次	初始范畴	频次	初始概念
整体评价	171	情感倾向	96	感兴趣
				向往
				喜欢
				地位高
		理性认知	75	销往全国
				名气大
				规模大
				产业链完整

从编码分析可以看出,杭州丝绸整体评价由"情感倾向"与"理性认知"2个维度构成。情感倾向是评价主体对评价客体的内心喜恶、内在评价的倾向性,表现为民众对杭州丝绸产生的"兴趣""向往""喜欢""不喜欢"等内心情感。理性认知是评价主体在梳理与概括丰富的感性材料的基础上,经过慎重的思考分析和判断推理,对评价客体的本质和规律形成的认知,表现为民众对杭州丝绸的知名度、美誉度、规模等方面做出的"名气如何""销量怎样""规模大小"等客观评价。

情感倾向和理性认知两者都属于民众的内在心理活动,共同架通了从民众接触杭州丝绸到趋近或趋远杭州丝绸行为意愿的桥梁。

4.3.2.9　行为意愿

行为意愿是民众基于对杭州丝绸的态度和偏好,从而产生的购买、分享和推荐等趋近型意愿,或者差评、回避等趋远型意愿。

对 120 份数据资料进行编码,围绕民众的行为意愿得到"趋近"和"趋远"2 个子范畴和"一直用""购买""分享"和"推荐""不敢买"5 个初始概念,如表 3-9 所示。

表 3-9　杭州丝绸行为意愿三级编码

选择式编码	频次	主轴式编码	频次	开放式编码
行为意愿	115	趋近	88	一直用
				购买
				分享
				推荐
		趋远	27	不敢买

3.3.3　选择性编码

选择性编码是从上一级主轴式编码提取的产品知识、关联信息、产品表现等 9 个主范畴中,选择出现频率高、影响作用大的核心范畴,然后探索核心范畴与其他主范畴之间的关系,并且提炼出关系结构。

这一过程可以借助构建完整的"故事线"的方法,分以下两个环节实现:

第一,寻找产品知识、关联信息、产品表现、服务表现、品牌表现、社会责任、文化内涵、整体评价和行为意愿等 9 个主范畴之间的清晰脉络,将各个主范畴串联成有意义的"系列故事",然后从中找"中心思想",以确立核心范畴。

第二,围绕核心范畴,将其他 8 个主范畴联系起来,构成完整的解释架构。

通过选择性编码,从杭州丝绸认知评价资料中生成的典型关系结构,如表 3-10 所示。

表 3-10　选择性编码形成的典型关系结构

典型关系	关系的内涵	由原始语句提炼的关系结构举例
① 产品知识→整体评价	蚕丝织物产品知识影响民众对"杭州丝绸"的整体评价	原始语句:A77 我们看到过关于蚕丝被质量的报道,本来是奔着杭州丝绸的美誉而来的,结果发现市场上的价格相差很大,关键是自己根本不会鉴别蚕丝被是否优良,感觉对杭州丝绸一下子就失望了呢! →关系提炼:蚕丝被鉴别方法的缺失影响民众对杭州丝绸的整体评价。
		原始语句:A55 这种贴身穿的丝绸背心用一个夏天足够了,这是面料本身决定的,不是质量问题。 →关系提炼:民众对蚕丝织物耐用性的认知影响其对杭州丝绸评价。
		原始语句:A120 不会因为打理麻烦就觉得不好——如果不皱,那可就不是真丝了。 →关系提炼:民众对蚕丝织物使用便利性的认知影响其对杭州丝绸的整体评价。

典型关系	关系的内涵	由原始语句提炼的关系结构举例
② 关联信息→整体评价	民众接触的"杭州丝绸"关联信息影响其对"杭州丝绸"的整体评价	原始语句：A43 看到别人在丝绸城买到假的丝绸产品，媒体都报道出来了，那么，我有理由怀疑市场存在假货。 →关系提炼：负面报道让民众觉得购买杭州丝绸有风险，从而影响其对杭州丝绸的整体评价。
③ 产品表现→整体评价	"杭州丝绸"产品表现影响民众对"杭州丝绸"的整体评价	原始语句：A45 我觉得杭州丝绸整体挺好的，做工和价格都不错。 →关系提炼：杭州丝绸产品的质量和价格影响民众对杭州丝绸的整体评价。
		原始语句：A65 我认同杭州丝绸，它的产品种类相当丰富，从服装服饰到工艺礼品，一圈逛下来，什么都有了，这也是产业集中的好处吧。 →关系提炼：杭州丝绸产品多样性影响民众对杭州丝绸的整体评价。
		原始语句：A68 平心而论，杭州丝绸一直走在全国丝绸行业的前端，产品开发、创新能力有目共睹。 →关系提炼：杭州丝绸产品的设计创新能力影响民众对杭州丝绸的整体评价。
		原始语句：B20 每次出国都会带点礼品，杭州丝绸比较有名气，特别是都锦生织锦，文化产品拜访好友显得比较有品位。 →关系提炼：杭州丝绸的象征功能影响民众对杭州丝绸的整体评价。
④ 服务表现→整体评价	销售人员的服务表现影响民众对"杭州丝绸"的整体评价	原始语句：A83 我上次去杭州丝绸城逛街，服务员很周到地提醒我要用什么洗涤、怎么晾晒，后来东西用起来很顺心，我觉得买得很值、很好。 →关系提炼：销售过程中的店员服务影响民众对杭州丝绸的整体评价。
⑤ 品牌表现→整体评价	"杭州丝绸"的企业品牌表现影响民众对"杭州丝绸"的整体评价	原始语句：B8 外地朋友到杭州说起来购买杭州丝绸，我都是带他们去逛杭州丝绸市场，因为那里各种档次、品牌的东西比较齐全，基本都能淘到满意的东西。 →关系提炼：杭州丝绸企业品牌多样化、差异化发展，满足了不同消费者的需求。
		原始语句：A53 我喜欢购买万事利、喜得宝等品牌的杭州丝绸，大品牌的东西用着质量上省心，也会推荐身边的朋友购买。 →关系提炼：杭州丝绸知名企业品牌影响民众对杭州丝绸的整体评价。

(续表)

典型关系	关系的内涵	由原始语句提炼的关系结构举例
⑥ 社会责任 →整体评价	"杭州丝绸"行业企业的社会责任感影响民众对"杭州丝绸"的整体评价	原始语句:A2 丝绸是典型的中国元素,是中华民族的骄傲,杭州丝绸致力于做大做强,我觉得很了不起。 →关系提炼:杭州丝绸发展民族产业的责任意识是影响民众对杭州丝绸整体评价的重要因素。
		原始语句:A36 我比较认同丝绸产业,其中一个很重要的原因是,它是天然的,从源头就能够践行减少碳足迹的环保理念,用完了能够降解,不对环境产生负担。 →关系提炼:重视环境保护是影响民众对杭州丝绸的整体评价的重要因素。
		原始语句:A69 产品标签写着成分比,这样很好,我也不是需要 100% 的桑蚕丝,但是我得知道我买到手的是什么。 →关系提炼:维护消费者权益影响民众对杭州丝绸的整体评价。
⑦ 文化内涵 →整体评价	"杭州丝绸"产业的文化内涵影响民众对"杭州丝绸"的整体评价	原始语句:A1 杭州丝绸历史悠久,是我们中国的传统特色产业,几千年的风风雨雨都走过来了,现在前有民众的购买力,后有政策的支持力,发展前景必定会越来越好。 →关系提炼:悠久的产业历史积极正面影响民众对杭州丝绸产业未来的评价。
		原始语句:A94 杭州丝绸文化是中国传统文化的载体,文化底蕴深厚,让我感觉,一是它正宗,二是使用杭州丝绸产品有着发扬光大我们中华文化的意义,我会一直用。 →关系提炼:深厚的文化底蕴积极正面影响民众对杭州丝绸的整体评价。
⑧ 整体评价 →行为意愿	民众对"杭州丝绸"的整体评价影响其对"杭州丝绸"的行为意愿	原始语句:A74 我从心底喜欢杭州丝绸,所以,不仅自己经常购买,也会推荐给身边的朋友,或者陪他们去选购。 →关系提炼:民众对杭州丝绸的情感倾向积极正面影响民众的行为意愿。

经过选择式编码,探寻出 9 个主范畴之间的逻辑关系:①民众掌握的蚕丝织物产品知识(如舒适性、耐用性、购买经验等)影响其对杭州丝绸的整体评价;②民众接触的杭州丝绸关联信息(如媒体负面报道)影响其对杭州丝绸的整体评价;③杭州丝绸的产品表现(如质量、价格、性能和设计创新能力)影响民众对杭州丝绸的整体评价;④杭州丝绸服务表现(如周到性、专业性、保障性、服务态度和店铺形象)影响民众对杭州丝绸的整体评价;⑤杭州丝绸品牌表现(如品牌多样化、企业品牌知名度)影响民众对杭州丝绸的整体评价;⑥杭州丝绸

行业企业的社会责任(如传统文化传承、重视环境保护、维护消费者权益)影响民众对杭州丝绸的整体评价;⑦杭州丝绸文化内涵(如历史悠久)影响民众对杭州丝绸整体评价;⑧民众对杭州丝绸的整体评价影响其对杭州丝绸的行为意愿。

由此可见,主范畴"整体评价"与其他八个主范畴之间均存在密切的相关性,笔者将其作为核心范畴展开论证。其中的典型性关系为"产品知识""关联信息""产品表现""品牌表现""服务表现""社会责任""文化内涵"等因素直接影响民众对杭州丝绸的整体评价,以及"行为意愿"是民众对杭州丝绸的整体评价间接导致的结果,如图 3-10 所示,这一框架

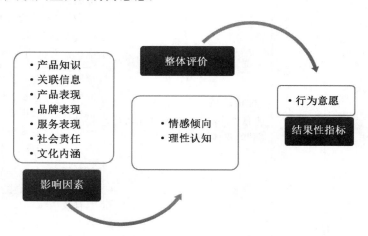

图 3-10　杭州丝绸认知评价作用关系

体系可以用来检测杭州丝绸整体评价的形成过程和预测民众的行为结果。

图 3-10 中的杭州丝绸认知评价作用关系解释了三个问题:

(1)影响民众对杭州丝绸整体评价的因素是民众掌握的蚕丝织物产品知识、接触的杭州丝绸关联信息,以及杭州丝绸在产品、服务、品牌、社会责任与文化内涵等方面的表现。

(2)杭州丝绸的整体评价可以通过民众对杭州丝绸的情感倾向与理性认知测量。

(3)民众对杭州丝绸整体评价的作用,能够促进民众对杭州丝绸产生趋近或者规避的行为。

3.3.4　理论饱和度检测

理论饱和度是指无法从额外数据中获取新的范畴,这也是停止访谈采样的鉴定标准。通过对其余三分之一的材料进行归纳分析,没有产生新的重要概念,现有的杭州丝绸认知评价作用关系(图 3-10)所呈现的典型关系结构,依然包含新材料中得到的理论关系,9 个主范畴也没有产生新的认知内容和评价指标。所以,杭州丝绸认知评价作用关系通过饱和度检验,不存在被忽略的要素或关系。由此说明表 3-9 所示的杭州丝绸认知评价典型关系是比较饱和的。

3.4　理论模型构建与研究假设提出

根据选择性编码得出的典型关系,可以推断,民众认知、整体评价与行为之间存在以下假设关系:

H1a:民众掌握的蚕丝织物产品知识对杭州丝绸的情感倾向有正向影响。

H1b:民众掌握的蚕丝织物产品知识对杭州丝绸的理性认知有正向影响。

H2a:民众接触的杭州丝绸关联信息对杭州丝绸的情感倾向有正向影响。

H2b:民众接触的杭州丝绸关联信息对杭州丝绸的理性认知有正向影响。

H3a:杭州丝绸产品表现对杭州丝绸的情感倾向有正向影响。

H3b:杭州丝绸产品表现对杭州丝绸的理性认知有正向影响。

H4a:杭州丝绸服务表现对杭州丝绸的情感倾向有正向影响。

H4b:杭州丝绸服务表现对杭州丝绸的理性认知有正向影响。

H5a:杭州丝绸品牌表现对杭州丝绸的情感倾向有正向影响。

H5b:杭州丝绸品牌表现对杭州丝绸的理性认知有正向影响。

H6a:杭州丝绸行业企业社会责任对杭州丝绸的情感倾向有正向影响。

H6b:杭州丝绸行业企业社会责任对杭州丝绸的理性认知有正向影响。

H7a:杭州丝绸产业文化内涵对杭州丝绸的情感倾向有正向影响。

H7b:杭州丝绸产业文化内涵对杭州丝绸的理性认知有正向影响。

H8:民众对杭州丝绸的情感倾向对行为意愿有正向影响。

H9:民众对杭州丝绸的理性认知对行为意愿有正向影响。

由此可见,民众的行为意愿是结果变量,民众对杭州丝绸的整体评价是中介变量,而产品知识、关联信息、产品表现、品牌表现、服务表现、社会责任和文化内涵等主范畴属于前因变量,也是影响民众对杭州丝绸整体评价的重要因素,由此提出杭州丝绸认知评价影响机理模型(图3-11),模型与假设的检验将放在下一部分,采用实证分析方法验证。

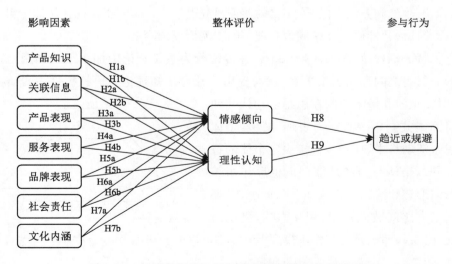

图3-11 杭州丝绸认知评价影响机理模型(初始模型)

4 杭州丝绸认知评价作用机制实证分析

质性研究的优势在于，能够获得深入、广泛的一手经验资料，从中探索和发掘现象背后的规律，从而建构与研究目标相关的理论；而它的局限在于，小样本取样限制了结果理论的普适性。本章采用结构模型分析方法（AMOS），对上述杭州丝绸认知评价影响机理模型及相关假设关系进行检验、修正，进而构建科学有效的杭州丝绸认知评价体系。

4.1 理论基础

4.1.1 认知理论

认知是影响人类行为活动产生的重要因素。个体根据自身经验或者观察他人行为结果，对环境进行预期判断，以做出对应的行为反应[119]。

4.1.1.1 社会认知理论

1947 年，美国著名心理学家布鲁纳率先提出了"社会知觉"的概念，由此开启了学术界在社会认知研究的先河。1970 年，社会认知研究深受信息加工理论的影响，同时借鉴认知心理学的研究理论和方法，开展了丰富的实证研究[119-120]。1982 年，《社会认知专辑》在纽约出版，标志着社会认知研究开始成为心理学的主流研究内容之一。

阿尔伯特·班杜拉（Albert Bandura）在传统行为主义理论中加入了认知因素，认为个体的认知与行为之间存在因果关系，从而提出了社会认知理论。班杜拉进一步研究发现，个体的动机、意向和情绪等内在思维活动认知和外部环境因素共同影响其行为表现，其中，个体的内在思维活动是主要因素，直接决定个体的行为表现；同时，个体行为和外部环境也反作用于个体的意识形态和情感状态认知[119]，即个体、环境与行为三者之间彼此作用、相互影响，呈现出动态的交互关系，即三元交互作用模型[121-124]，如图 4-1 所示。

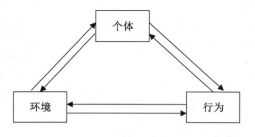

图 4-1 个体、环境与行为三元交互作用模型

4.1.1.2 认知评价理论

认知评价的概念源于认知心理学，指个体对其所处的特定环境的看法和评判。认知心

理学研究者认为,外界刺激需要通过认知产生情绪反应,进而,再作用于个体行为表现出来[119]。例如,美国应激理论的代表学者理查德·拉扎勒斯认为,认知评价是应激理论中不可或缺的中介因素;美国心理学家阿诺德认为,评价是个体对外部环境刺激的直接反应过程,它可以增强或弱化个体的情绪,并且通过情绪诱发行为反应[125];Deci 和 Ryan 研究了外在控制、内在动机与个体行为三者之间的相互作用关系[126],认为认知评价是个体对外部情境因素的一种内在心理评价。Larazus 和 Susan 探索了认知评价的影响因素,包括外界环境和个体因素,以及两者之间相互影响、彼此依存的关系;进一步指出,认知评价是个体受到环境刺激,进而做出应对反应行为的中间环节,受到外界环境和个体因素的影响[127]。其中,个体因素主要包括经验、特征及社会性。这个过程可以用图 4-2 表示。

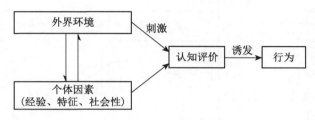

图 4-2 认知评价理论模型

Larazus 和 Susan(1984)的认知评价理论模型为质化研究推导出来的杭州丝绸认知评价影响机理模型提供了理论支撑。其中,个体因素对应掌握的产品知识和接触到的杭州丝绸关联信息;环境因素对应杭州丝绸的产品表现、服务表现、品牌表现、社会责任和文化内涵;认知评价对应民众对杭州丝绸的整体评价;而行为对应民众趋近或规避杭州丝绸的行为意愿。

4.1.1.3 "S-O-R"理论模型

Watson(1913)认为,行为是受到环境刺激之后产生的适应性活动,借此提出了"刺激-反应"(Stimulus-Response,简称"S-R")理论模型。很多学者在后续研究中发现,S-R 模型忽视了机体的内在作用,仅仅把复杂的行为看作简单的因-果关系,存在很大的局限性。

后来,Tolman(1932)、Mehrabian 和 Russell(1974)、Bitner(1992)、Eroglu、Machlei 和 Davis(2001)、Eroglu、Machlei 和 Davis(2003),以及孙凯(2016)等,陆续提出并采用实证研究修正,形成了"刺激-机体-反应"(Stimulus-Organism-Response,简称"S-O-R")理论模型,如图 4-3 所示,引入了中介变量"机体",指出外界刺激通过影响个体的内在心理状态[119],进而导致个体表现出不同的行为反应。其中,刺激是参与人感知到的外部环境,包

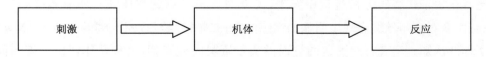

图 4-3 "S-O-R"理论模型

括产品实体、服务环境、社会环境等;机体是参与人的内在心理状态,参与人在这一阶段将外界环境刺激转化为一定的情感或认知等有效信息;反应是参与人的行为结果,一般表现为趋近行为或者规避行为。

综上所述,根据认知评价理论与"S-O-R"理论模型,回看本书第 3 部分质性分析得出的典型关系,其与此理论模型基本契合。该模型由刺激因素、机体状态和反应行为三部分内容构成,如图 4-4 所示。其中,刺激因素是前因变量,包括外界环境因素和个体因素;机体状态是中介变量,是民众对杭州丝绸的整体评价,包括情感倾向和理论认知两个维度,同时也是影响民众行为意愿的中间过程;民众反应行为是结果变量,包括民众购买、分享、推荐等对杭州丝绸发生的趋近行为及反向规避行为。

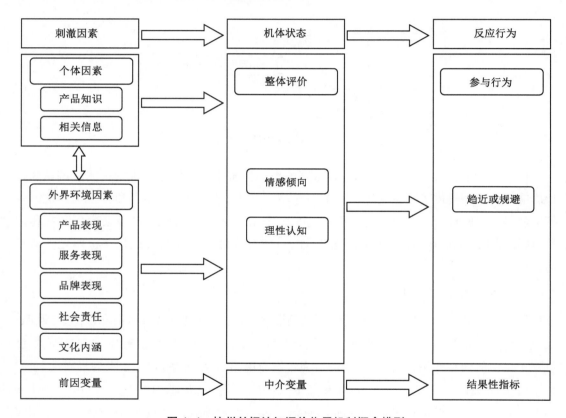

图 4-4　杭州丝绸认知评价作用机制概念模型

4.1.2　声誉理论

笔者在主轴式编码分析过程中发现,民众对杭州丝绸的整体评价明显聚拢到两个方向:一是民众对杭州丝绸表现出明显的情感倾向;二是民众对杭州丝绸的竞争力、美誉度等做出了理性认知。笔者在阅读这两方面的文献资料时注意到,这种整体评价高度指向"声誉"这一概念。

4.1.2.1　声誉测评模型

声誉是"公众对某人或某物的整体评价,或者公众基于某人或某物的历史表现而形成的一贯印象"[128]。声誉的主体是集体时,表现为集体声誉[129]。目前对于集体声誉的研究,有企业声誉、国家声誉和品牌声誉等。结合访谈结果,杭州丝绸整体评价源于民众对杭州丝绸产品、品牌、服务、社会责任和文化内涵等形成的多方面认知、印象和期望。因此,笔者设计的杭州丝绸整体评价测评量表,借鉴了企业声誉和品牌声誉的测量方法。其中,Manfred(2004)提出的二维评估模型认为,声誉由感召力和竞争力两个维度构成[130],与本书的核心范畴"整体评价"的子范畴——情感倾向和理性认知高度契合。

4.1.2.2　信息不对称理论

买卖双方的正常交易,大多数依赖于互相信任,而信任的基础是具有一定程度的声誉。本书运用声誉理论中的信息不对称理论,解释民众在杭州丝绸的购买体验过程中,对产品质量产生质疑的现象。

信息不对称理论由美国经济学家约瑟夫·斯蒂格利茨提出,其核心思想是,在商品交易过程中,一般相对于买方而言,卖方掌握了更多的商品知识和信息,这导致卖方处于优势状态,而买方处于劣势状态的不均衡现象。信息不对称会导致生产者的机会主义行为和消费者的"逆向选择"[131]。

1970年,美国经济学家乔治·阿克尔洛夫发表论文《柠檬市场:质量不确定性与市场机制》[132],以二手车市场为案例,揭示了信息不对称理论在市场交易过程中的影响作用。该文将二手车形象地比喻成"柠檬",由于买家对二手车的质量不确定、对卖家的声誉不信任,那么,降低风险损失的唯一办法就是压低二手车的价格;而过低的价格使得卖家不再愿意提供高质量的商品,久而久之,导致了劣质商品逐渐充斥市场。

信息不对称现象无法消除,但可以通过各种措施抑制和减轻。例如,丝绸行业推行的高档丝绸标志、杭州丝绸国家地理标志等,都是产品质量的保障,助力行业解决丝绸市场中的信息不对称,向社会公众传递质量信号。

4.1.3　需求层次理论

1943年,美国著名心理学家马斯洛在其著作《人类激励理论》中,首次提出人类需求层次理论,将人类的多种需求由低到高归纳为五个层次,如图4-5所示。

(1)生理需求:人类维持生存最基本的需求。与丝绸产品相关的生理需求具体表现为"衣能蔽体"。鉴于丝绸产品存在价格高、打理难、耐用性差等实际问题,处于该层级需求的民众一般不会关注丝绸产品及品牌。

(2)安全需求:属于较低级别的需求。处于该层级需求的民众关注产品的实用性能(使用性能)。与丝绸相关的安全需求具体表现为产品的质量、安全健康性能、对身体的影响及售后服务保障等。

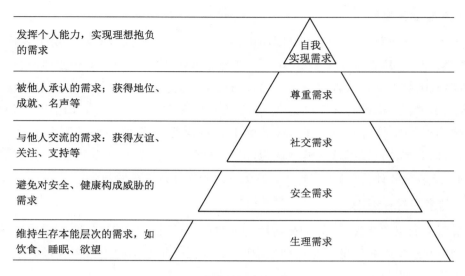

图4-5　马斯洛需求层次理论示意图

（3）社交需求：属于较高级别的需求。处于该层级需求的民众关注产品的附加价值，如丝绸产品的美好寓意赋予产品的象征性、礼品属性等。与丝绸相关的社交需求具体表现为丝绸服装服饰产品在穿着过程中给着装者带来的群体认同，以及对于证明自身价值的促进作用等。

（4）尊重需求：关注丝绸的品牌表现、关联信息等，如知名的企业品牌、媒体的正面报道等，以与自己的身份地位相匹配。

（5）自我实现需求：关注丝绸品牌的文化内涵、行业企业的社会责任等，如民众对杭州丝绸行业企业传承与发展丝绸文化给予了较高评价，是其潜意识里自我实现理想"保护与弘扬民族文化"的一种心理反应。

受到经济水平、教育背景和生活方式等多方面因素的综合影响，人们的物质需求、文化需求和精神追求等方面存在明显的差异。笔者运用了马斯洛的需求层次理论解释不同群体对杭州丝绸产生认知评价差异的原因。

4.2　实证研究

本节将根据研究假设和上述理论基础为检验模型设计合理的测量问卷，然后采用问卷调查法，展开抽样调研，并进行数据分析与假设检验。

4.2.1　问卷设计

根据理论模型，本书需要测量10个变量，其中：自变量7个，即产品知识、关联信息、产品表现、品牌表现、服务表现、社会责任和文化内涵；中介变量2个，即情感倾向与理性认知；

结果变量 1 个,即行为意愿。

在以往的研究文献中,学者们开发了大量成熟的信度效度较好的测评量表。鉴于整体评价与声誉的密切关联和评价客体"杭州丝绸"的集体性质特征,研究测度参考了《德国管理者》杂志的综合声誉、Manfred(2004)的二维评估模型和 Fombrun(2001)的声誉商数模型几种方法,以及 Chaudhuri(2002)关于品牌声誉、Manfred(2004)关于企业声誉的测评量表。

接下来,将分别描述每个变量的测评量表及其与整体评价的关系。

4.2.1.1 民众掌握的蚕丝织物产品知识

Mishrs 等[133]采用"了解程度""相关经验"和"专业买家"三个题项,衡量受访者对某一特殊产品系列的知识和经验。主观知识在本书中指被调查者认为自己具备多少丝绸产品知识,表示被调查者对自身掌握丝绸产品知识的自信程度;而客观知识是受访者实际掌握的有关丝绸产品的具体知识,如丝绸的品类、典型的服用性能等[134]。

本书借鉴上述测量条款,结合质化研究提取的初始范畴,将产品知识分为专业知识(含主观知识、客观知识)和经验知识[135],其中:对蚕丝纤维及其织物的专业知识的测量条款参考 Brucks(1985)的调查问卷;经验知识的测量条款参考 Johnson 和 Russo(1984)的调查问卷。根据研究的实际情况,对民众掌握的蚕丝纤维及其织物的产品知识的测量条款改编、调整,形成表 4-1。

表 4-1 杭州丝绸产品知识的测量条款

变量	编号	条款内容	条款来源
产品知识	PK1	我会鉴别丝绸产品的品质质量	Bansal 和 Voyer(2000)
	PK2	我对丝绸产品的性能、特点非常了解	Mishrs、Umesh 和 Stem (1993)
	PK3	我比身边的人更了解丝绸产品	
	PK4	我具有购买使用丝绸产品的相关经验	Mitchell(1986);Brucks(1985); Johnson 和 Russo(1984)
	PK5	我知道有关丝绸产品保养方面的知识	

4.2.1.2 关联信息

Chaudhuri(2002)认为,广告通过提升知名度而影响品牌声誉;何庆丰(2006)认为,赏心悦目、恰当地表现产品特性的广告,可以积极地影响消费者感知的企业声誉[136]。这与本书中正面的宣传推广信息积极影响杭州丝绸整体评价一致。因此,关于杭州丝绸行业企业宣传推介的测量条款,移植了 Geok(1999)、Chaudhuri(2002)和何庆丰(2006)等关于广告的测量条款内容。Geok(1999)认为,公共关系营销影响品牌声誉,并将公共关系具化为企业信守诺言和妥善处理负面新闻。笔者认为,媒体导向特别是负面信息会影响杭州丝绸的整体评价。

结合扎根研究的访谈情况,杭州丝绸关联信息测量条款调整如表 4-2 所示。

表 4-2 杭州丝绸关联信息的测量条款

变量	编号	条款内容	条款来源
关联信息	RI1	媒体对杭州丝绸的报道多数是正面的	笔者增补
	RI2	杭州丝绸的宣传推广内容赏心悦目	Geok (1999);Chaudhuri (2002)
	RI3	杭州丝绸在宣传推广方面做得很好	何庆丰(2006)
	RI4	拥有各种渠道了解杭州丝绸	笔者增补
	RI5	杭州丝绸企业能够及时妥善处理负面信息	Geok (1999)

4.2.1.3 产品和服务表现

产品和服务是民众了解企业最基本、最重要的渠道和途径[137]。在以往的相关研究中，产品和服务两者大多被放在一起讨论。Fombrun (2000)、Manfred (2004)将产品和服务作为声誉测量体系的重要因素；白永秀(2001)、董超(2016)等通过实证研究表明，产品和服务是企业塑造良好声誉的基本条件。质性研究说明优质的产品和服务是提高民众对杭州丝绸认知评价的重要原因。

结合前文质性研究得出的杭州丝绸认知评价影响机理模型，笔者将产品表现和服务表现的测量项目分开，分别如表 4-3、表 4-4 所示。

表 4-3 杭州丝绸产品表现的测量条款

变量	编号	测量项目	条款来源
产品表现	PP1	杭州丝绸产品具有较高的质量	Fombrun (2000);Manfred (2004)
	PP2	杭州丝绸产品的性价比较高	Caproro 和 Srivastava (1997)
	PP3	杭州丝绸产品在创新性方面表现不错	Bhat 和 Bowonder (2001);Sylvia (2000)
	PP4	杭州丝绸产品的性能比较好	笔者增补
	PP5	杭州丝绸产品是品位修养的象征	卢泰宏(2003);Biel (1993)

表 4-4 杭州丝绸服务表现的测量条款

变量	编号	条款内容	条款来源
服务表现	SP1	杭州丝绸的店铺形象良好	Jin 和 Kim (2003)
	SP2	销售人员会考虑客户的特殊需求	Oliver (2003)
	SP3	销售人员训练有素，综合素质高	白永秀(2001)
	SP4	杭州丝绸的销售门店能够为产品和服务提供保障	Fombrun (2000);Manfred (2004)
	SP5	杭州丝绸的销售门店能够及时处理客户投诉	Oliver (2003)
	SP6	服务人员的专业能力与态度良好	Bhat 和 Bowonder (2001)
	SP7	购买杭州丝绸非常便利	Jin 和 Kim (2003)

4.2.1.4　品牌表现

品牌历经市场的锤炼与打磨,是质量与信誉的保证。刘靓[138]通过研究企业声誉的构成及其驱动因素发现,市场表现能够提升社会大众对声誉的情感评价;刘志刚[139]认为,企业的市场地位与能力能够提升消费者对企业声誉的评价;何庆丰[136]认为,市场表现影响手机行业的品牌声誉。

结合深度访谈资料,民众对杭州丝绸产品的高度认可,一方面,源于杭州丝绸市场上品牌的多样性和差异性,满足了消费者不同层次的需求;另一方面,源于万事利、都锦生、金富春等知名丝绸企业与品牌的优秀表现。结合上述研究,初步形成杭州丝绸品牌表现测评量表,如表4-5所示。

表4-5　杭州丝绸品牌表现的测量条款

变量	编号	条款内容	条款来源
品牌表现	BP1	杭州丝绸拥有知名的企业品牌	Sudhaman（2004）
	BP2	名称和图标易识别	Dowling（2004）;何庆丰（2006）
	BP3	杭州丝绸的品牌定位合理	Dowling（2004）;刘靓（2005）;何庆丰（2006）
	BP4	杭州丝绸在中国丝绸行业中拥有较大的市场占有率	Albert（1997）;何庆丰（2006）
	BP5	杭州丝绸多样化的品牌能够满足不同的消费者	笔者增补
	BP6	杭州丝绸有良好的市场成长潜力	笔者增补

4.2.1.5　社会责任

项保华[140]指出,社会责任指企业超越组织为自身经济与技术利益所负担的必需社会活动以外对社会所做的贡献。良好的企业公民责任感与道德伦理性是社会期望的公司属性[141]。Drumwright（1996）研究发现,消费者对包含社会维度的广告有着非常好的反响,消费者期望企业公民能够回报社会与自然环境。

社会责任是声誉评价体系中的重要指标之一[142]。行业可以通过捐赠或资助公益事业、重视环境保护、为社会大众提供就业机会等方式,建立良好的声誉。社会责任测评量表比较成熟,笔者采用企业商誉指数(RQ,即Reputation Quotient)与Manfred（2004）的测量指标,结合本书删除了"行为规范与道德伦理"条款,并结合质性分析增补了"传承与发展传统文化"条款,具体见表4-6。

表4-6　杭州丝绸社会责任的测量条款

变量	编号	条款内容	条款来源
社会责任	SR1	杭州丝绸企业重视环境保护	RQ；Manfred（2004）
	SR2	杭州丝绸企业比较支持公益事业	Dowling（2004）
	SR3	杭州丝绸企业重视维护消费者责任	吴晓惠（2014）
	SR4	杭州丝绸企业重视传承与发展传统文化	笔者增补

4.2.1.6　文化内涵

悠久的产业历史和丰富的文化内涵是带给杭州丝绸高度好评的重要因素。Bilkey 和 Nes（1982）、Petesron 和 Jolibert（1995）、Sulatti 和 Baker（1998）等认为,原产地形象通过影响消费者对产品的评价而影响消费者的购买行为。根据杭州丝绸认知评价影响机理模型,在文化内涵层面,采用历史悠久性、载体多样性、寓意丰富性和文化底蕴深厚等测量指标,如表 4-7 所示。

表 4-7　杭州丝绸文化内涵的测量条款

变量	编号	条款内容	条款来源
文化内涵	CC1	杭州丝绸有着悠久的产业历史	文献[143]
	CC2	杭州丝绸有着多样的文化载体	笔者增补
	CC3	杭州丝绸具有丰富的文化寓意	笔者增补
	CC4	杭州丝绸的文化底蕴深厚	文献[144]

4.2.1.7　整体评价

关于杭州丝绸整体评价的测量,在前期质性分析提取的初始范畴基础上,借鉴 Manfred（2004）、黄春新（2005）的企业声誉测评量表,以及 Chaudhuri（2002）的品牌声誉测评量表,从情感倾向与理性认知两个维度共形成八个测量条款,如表 4-8 所示。

表 4-8　杭州丝绸整体评价的测量条款

维度	编号	条款内容	条款来源
情感倾向	ET1	我认为杭州丝绸比较正宗	文献[145]
	ET2	杭州丝绸消失会令我遗憾	
	ET3	我比较喜欢杭州丝绸	Fombrun（1996）
理性认知	RC1	杭州丝绸具有很高的品牌地位	Chaudhuri（2002）
	RC2	杭州丝绸具有优质的名声	Chaudhuri（2002）
	RC3	杭州丝绸具有很高的知名度	Chaudhuri（2002）
	RC4	杭州丝绸是流行的品牌	Chaudhuri（2002）
	RC5	杭州丝绸具有高度的消费者评价	Chaudhuri（2002）

4.2.1.8　行为意愿

行为意愿是连接民众自身与未来采取某些行为的可能性与倾向性。以往关于行为意愿的研究,往往把口碑、推荐意愿、重购意愿和忠诚度等融合在一起。例如,Zeithaml,Berry 和 Parasuran（1996）将行为意愿分为忠诚度、品牌转移等五个维度,而忠诚度的测量含有推荐意愿和重构意愿[146];卢良栋[147]、徐双庆[148]、Fombron（1996）等认为声誉影响忠诚度;

黄春新[141]等将忠诚度作为企业声誉的绩效输出指标。质性分析结果显示,整体评价影响民众产生的参与推荐、重购杭州丝绸的行为意愿。

因此,本书中关于民众行为意愿的测量,借鉴 Baker(2000)和 Cronin(2000)的行为意愿测评量表,以及 Griffin 和 Lowenstein(2001)、黄春新(2005)的顾客忠诚测评量表,具体的测量条款如表4-9所示。

表4-9　杭州丝绸行为意愿的测量条款

变量	编号	条款内容	条款来源
行为意愿	BI1	重复购买	Baker(2000)
	BI2	向他人推荐的可能	Cronin(2000)
	BI3	对竞争对手的拉拢和诱惑具有免疫力	Griffin 和 Lowenstein(2001)
	BI4	拥护品牌	Delgado-Ballester(2001)
	BI5	打算持续购买	Haemoon(2000)

上述测量条款全部采用 Likert 五级量表测量,1——完全不同意、2——不同意、3——不确定、4——同意、5——非常同意,加入受访者人口统计学信息部分的内容,形成本书的初始问卷。

4.2.2　预调研

预调研的目的是及时发现初始问卷中存在的问题并加以修正,使测量条款更加精炼、准确,并能够切实反映民众对杭州丝绸认知评价的实际情况,提高问卷的信度与效度。

4.2.2.1　预调研数据收集

本书的研究主题是民众对杭州丝绸的综合认知,研究对象应该选择对杭州丝绸有兴趣且持续关注,以及有实际购买、使用经历的群体。

高校纺织服装院系的教师对杭州丝绸有一定的了解,而且对服装服饰产品的原料材质及外观设计有较专业的认知,因此,本书的预调研对象选择杭州地区纺织服装院校的教师群体。

小样本调研采用到高校现场发放纸质问卷的形式进行,从 2016 年 6 月 1—15 日,先后到六所高校,共计发放问卷 150 份,回收 133 份,有效回收率为 88.67%。笔者对回收的 133 份问卷进行数据分析,由于取样为高校的教师群体,所以,男性人数少于女性,学历结构整体较高,具体如表4-10所示。

4.2.2.2　预调研结果分析

通过预调研发现,个别问项表述不准确,有重复,题量偏大,使受访者产生厌烦情绪。根据准确性和精炼性的原则,删减或被合并题项为 RI2、PP5、SP5、SP7、BP4、BP6、SR2、

CC4、RC1 和 RC4,从而得到包括 10 个变量、由 37 个测量条款构成的测评量表。该量表将用于后续的杭州丝绸认知评价大规模正式问卷调研。

表 4-10　前测样本的人口统计数据

受访者信息		样本量	百分比(%)	受访者信息		样本量	百分比(%)
性别	男	37	27.82	学历	专科及以下	6	4.51
	女	96	72.18		本科	41	30.83
					研究生及以上	86	64.66
年龄	26～35 岁	23	17.29	收入	3500 元及以下	8	6.02
	36～45 岁	55	41.35		3501～6000 元	32	24.06
	46～55 岁	43	32.33		6001～10 000 元	47	35.34
	56 岁及以上	12	9.02		10 000 元及以上	46	34.59

4.2.3　正式调研

4.2.3.1　样本量和抽样设计

构方程模型应用于统计分析时对样本量有要求,样本量不足会影响结果的稳定性。保险样本量的设定有两种方法:一是经验法;二是公式法。经验法认为,保险样本量应该为变量路径数量或待估参数数量的 5～10 倍[149],测量条款为 37 个,那么保险样本量为 370 份。笔者采取简单随机不重复的抽样方法,样本量设计的理论依据[150]见式(4-1)。

$$n = \frac{t^2 \times p(1-p)}{e^2} \tag{4-1}$$

式中:n 为样本量;t 为置信度对应的临界值;p 为总体的成数或百分比;e 为抽样误差。

在 95% 的置信度($t=1.96$)条件下,采取比较保险的办法($p=0.5$),抽样误差 e 选取范围为 5%,计算得到保险样本量 n 为 668 份。笔者通过线下模式发放"杭州丝绸认知评价调查问卷"1500 份,并通过线上调查回收问卷 292 份,共计回收有效问卷 1549 份,达到了保险样本量要求,调查结果真实有效。

在录入统计分析软件 SPSS 19.0 时,摒弃了无效问卷的数据。

4.2.3.2　数据来源

问卷调研采取线下与线上的形式完成,以线下为主,线上为辅。线下问卷调查,问卷的发放区域分散在杭州地区的杭州大厦、杭州解百、银泰百货、万象城、杭州中国丝绸城、杭州丝绸展示购物中心、西湖景区等 12 个场所,调研对象以普通消费者或游客为主,发放问卷共计 1200 份,回收 1019 份。

同时,针对本书的目的,调查对象应该选择熟悉杭州丝绸产品与市场,而且拥有杭州丝绸产品购买和使用经历的人群。通过前期调研访谈与文献回顾发现,该群体以女性为主,在年龄结构上以中青年为主力,其经济收入水平较高,追求生活品质。鉴于以上特点,本书在大规模问卷调查的实地发放中,增加了十家丝绸专卖店(市场定位符合前述特征)、三家咖啡馆和两家美容院,分别投放问卷 20 份,合计发放 300 份,回收 278 份。

两种模式的线下问卷共计发放 1500 份,回收 1297 份。

线上问卷调查主要借助网络调研平台"问卷星"制作电子问卷,并通过电子邮箱、朋友圈、网络社区等平台进行转发,回收问卷 292 份。

问卷发放从 2016 年 9 月 20 日持续到 2017 年 1 月 20 日,为期四个月,线上线下发放问卷共计 1792 份。对回收的问卷进行筛查,剔除未填完、全部问项勾选同一答案等应付痕迹明显的不合格问卷之后,获得有效问卷 1549 份,有效问卷回收率 86.45%。对于回收的样本,运用 Excel 软件录入数据信息,并利用 SPSS 19.0 进行描述性统计分析,统计数据如表 4-11 所示。

表 4-11 大样本的人口统计数据($n=1549$)

基本特征	具体类别	样本量	百分比(%)	基本特征	具体类别	样本量	百分比(%)
性别	男	640	41.3	教育程度	专科及以下	553	35.7
	女	909	58.7		本科	725	46.8
年龄	18～25 岁	172	11.1		研究生及以上	271	17.5
	26～35 岁	372	24.0	月收入	3500 元及以下	223	14.4
	36～45 岁	446	28.8		3501～6000 元	524	33.8
	46～55 岁	362	23.4		6001～10 000 元	494	31.9
	56 岁及以上	197	12.7		10 000 元及以上	308	19.9
职业	政府机构行业协会	185	11.9	在杭生活时间	1 年以下	115	7.4
	企事业单位	748	48.3		1～3 年	209	13.5
	个体经营者	175	11.3		4～10 年	245	15.8
	自由职业者	283	18.3		11～20 年	475	30.7
	其他*	158	10.2		20 年及以上	505	32.6

＊注:其他指离退休人员、全职太太等

通过对回收的有效问卷分析发现:参与调查的男性比例为 41.3%、女性比例为 58.7%,男性比例低于女性,由于丝绸产品的女性消费者比例较高,调查对象的性别比例比较客观;从年龄分布来看,36～55 岁的被调查者占比 52.2%,由于中青年人群是丝绸产品消费人群的主力军,因此,调查结果符合丝绸消费市场实际;从职业类别来看,调查对象以企事业单位的工作人员为主,占比 48.3%;从受教育程度来看,本科、专科与研究生学历占比分别为 46.8%、35.7% 与 17.5%,研究生学历的样本相对较少,可能与调研样本的高年龄段被调查者占比较高有关;月收入水平基本符合正态分布;从在杭生活时间来看,1年以下的被试者主要是游客、差旅人员等(这部分数据多数源于西湖景区和杭州中国丝绸城两个调研地点),20年及以上的被试者占比最高,样本具有普遍性和代表性,在整体结构上分布较为合理。

4.2.4 信度与效度分析

4.2.4.1 信度分析

信度是检验测量结果一致性、稳定性和可靠性的指标[151],反映量表中的各变量之间是否存在内部一致性。笔者以 Cronbach's α 系数和项目-总体相关系数 CITC 值为依据,对杭州丝绸认知评价影响机理模型中的相关测量条款进行净化与信度检验,见表4-12。

表 4-12 信度检验标准

判定指标	判定标准		关系
Cronbach's α 系数	分量表信度	总量表信度	Cronbach's α 系数越高,表明各变量之间内部一致性越高,测量越有意义
	$\alpha > 0.6$,可以接受	$\alpha > 0.7$,可以接受	
	$\alpha > 0.7$,信度极好	$\alpha > 0.8$,信度极好	
信度水平最低标准	$\alpha > 0.6$	$\alpha > 0.7$	
项目-总体相关系数 CITC 值	标准1	CITC < 0.3,说明测量条款与量表总体相关性低,应删除	
	标准2	CITC > 0.3,如果删除该问项,α 系数提高,应删除	
CITC 值最低标准		CITC > 0.3,且删除该问项,α 系数不会提高	

采用统计分析软件 SPSS19.0 对杭州丝绸认知评价的调研样本进行信度分析,结果如表4-13所示,37个题项组成的总量表 α 系数为 0.878,各变量的 α 系数均大于 0.7,说明净化后的杭州丝绸认知评价量表具有较好的内部一致性,调研样本数据具有较好的信度。

表 4-13 样本量的信度检验结果

	潜在变量	测量条款	初始 CITC 值(最终 CITC 值)	删除该条款后的 α 系数	初始 α 系数(最终 α 系数)
前因变量	产品知识 PK	PK1	0.677	0.728	0.852
		PK2	0.742	0.719	
		PK3	0.739	0.741	
		PK4	0.787	0.851	
		PK5	0.671	0.690	

（续表）

潜在变量		测量条款	初始 CITC 值（最终 CITC 值）	删除该条款后的 α 系数	初始 α 系数（最终 α 系数）
前因变量	关联信息 RI	RI1	0.642	0.842	0.850
		RI3	0.669	0.839	
		RI4	0.652	0.673	
		RI5	0.710	0.791	
	产品表现 PP	PP1	0.673	0.817	0.823
		PP2	0.710	0.818	
		PP3	0.742	0.792	
		PP4	0.690	0.733	
	服务表现 SP	SP1	0.679	0.743	0.811
		SP2	0.741	0.717	
		SP3	0.744	0.805	
		SP4	0.721	0.793	
		SP6	0.698	0.742	
	品牌表现 BP	BP1	0.691	0.810	0.819
		BP2	0.642	0.814	
		BP3	0.638	0.769	
		BP5	0.719	0.798	
	社会责任 SR	SR1	0.714	0.683	0.771
		SR3	0.693	0.690	
		SR4	0.733	0.751	
	文化内涵 CC	CC1	0.728	0.823	0.829
		CC2	0.610	0.784	
		CC3	0.693	0.790	
中介变量	情感倾向 ET	ET1	−0.728	0.693	0.728
		ET2	0.741	0.719	
		ET3	0.683	0.702	
	理性认知 RC	RC2	0.704	0.819	0.822
		RC3	0.689	0.750	
		RC5	0.742	0.762	
结果变量	行为意愿 BI	BI1	0.691	0.749	0.801
		BI2	0.688	0.763	
		BI4	0.719	0.754	
总体 α 系数 0.878					

4.2.4.1 效度分析

效度是指测评量表在多大程度上反映了研究人员想要测量的事物。效度越高,说明测量结果越能反映测量对象的真实特征。笔者采用验证性因子分析检验杭州丝绸认知评价量表的结构效度。

(1) 前因变量的效度分析。根据因子分析的要求,首先需要验证杭州丝绸认知评价调查的样本数据是否适合做因子分析。采用 KMO 检验统计量和 Bartlett 球形检验,分析结果如表 4-14 所示,结果显示,KMO 检验统计量为 0.798($>$0.50),Bartlett 球形检验显著(且显著概率为 0.000),说明产品知识、关联信息、产品表现、服务表现、品牌表现、社会责任和文化内涵等七个变量之间存在较强的相关性,满足因子分析的标准。

表 4-14 前因变量的效度分析

因子	测量题项	因子负荷							特征值
		因子1 产品知识	因子2 关联信息	因子3 产品表现	因子4 服务表现	因子5 品牌表现	因子6 社会责任	因子7 文化内涵	
因子1 产品知识	PK1	0.742							2.540
	PK2	0.753							
	PK3	0.715							
	PK4	0.794							
	PK5	0.716							
因子2 关联信息	RI1		0.820						1.862
	RI3		0.643						
	RI4		0.691						
	RI5		0.672						
因子3 产品表现	PP1			0.751					1.937
	PP2			0.764					
	PP3			0.819					
	PP4			0.792					
因子4 服务表现	SP1				0.748				1.658
	SP2				0.756				
	SP3				0.727				
	SP4				0.791				
	SP6				0.772				

（续表）

因子	测量题项	因子负荷							特征值
		因子1 产品 知识	因子2 关联 信息	因子3 产品 表现	因子4 服务 表现	因子5 品牌 表现	因子6 社会 责任	因子7 文化 内涵	
因子5 品牌 表现	BP1					0.768			1.987
	BP2					0.704			
	BP3					0.694			
	BP5					0.740			
因子6 社会 责任	SR1						0.738		2.450
	SR3						0.801		
	SR4						0.719		
因子7 文化 内涵	CC1							0.811	2.189
	CC2							0.769	
	CC3							0.772	
KMO	0.798	显著性概率 0.000				近似卡方分布 2790.411			自由度 59
	累计解释方差 83.508%					总体 α 系数 0.834			

运用主成分法提取因子,杭州丝绸认知评价量表前因变量的因子分析转轴后的成分矩阵如表 4-14 所示:产品知识、关联信息、产品表现、服务表现、品牌表现、社会责任和文化内涵七个因子的提取结果与原量表(表 4-1~表 4-7)符合,特征值分别为 2.540、1.862、1.937、1.658、1.987、2.450 和 2.189,均大于 1,累计解释方差达到 83.508%,说明产品知识、关联信息、产品表现、服务表现、品牌表现、社会责任和文化内涵七个因子对于杭州丝绸整体评价的解释达到可接受的水平。因此,修正后的测评量表(即调查问卷,见附录 2)具有较好的效度。

从因子 1"产品知识"的因子负荷系数来看,购买使用经验 PK4、了解蚕丝织物性能特点 PK2、鉴别能力 PK1、了解蚕丝织物洗涤保养知识 PK5、了解蚕丝织物 PK3 的因子负荷分别为 0.794、0.753、0.742、0.716、0.715,依次递减,说明这五个指标对变量"产品知识"的解释力度逐渐减小,其中,购买使用经验 PK4、鉴别能力 PK1 与蚕丝织物 PK3 三个指标共同体现经验知识的解释力,了解蚕丝织物性能特点 PK2、了解蚕丝织物洗涤保养知识 PK5 与了解蚕丝织物 PK3 三个指标共同体现专业知识的解释力,可见,民众的蚕丝织物经验知识解释力略高于专业知识。这项结果与第 3 部分中民众的产品知识编码(图 3-2)的情况一致。因此,提高民众的蚕丝织物产品知识,重点在于培养民众的购买使用杭州丝绸的实践经验,实际体验的作用有助于消费者向高层级需求移动。

从因子 2"关联信息"的因子负荷系数来看,媒体报道 RI1、信息获取渠道 RI4、负面信息处理能力 RI5 与行业宣传推广 RI3 的因子负荷分别为 0.820、0.691、0.672 与 0.643，依次减小，说明这四个指标对变量"关联信息"的解释力逐渐减小，其中，媒体报道 RI1 与负面信息处理能力 RI5 两个指标共同体现舆论导向的解释力。这项结果与第 3 部分中民众接触的关联信息编码（图 3-3）的情况完全一致。因此，提升民众接触的杭州丝绸关联信息质量，重点在于媒体舆论的正面引导。

从因子 3"产品表现"的因子负荷系数来看，设计创新能力 PP3、性能 PP4、性价比 PP2 与高质量 PP1 的因子负荷分别为 0.819、0.792、0.764 与 0.751，依次减小，说明这四个指标对变量"产品表现"的解释力逐渐减小。这项结果与第 3 部分中杭州丝绸产品表现编码（图 3-4）的情况存在差异，在质化研究中，四项指标的重要程度依次为质量、设计创新能力、性能与价格。质化研究与量化研究共同点是，测量指标设计创新能力 PP3 都是非常重要的。可见，提高杭州丝绸产品的设计创新能力能够有效提升杭州丝绸产品表现认知。

从因子 4"服务表现"的因子负荷系数来看，保障性 SP4、专业性 SP6、周到性 SP2、店铺形象 SP1 与服务态度 SP3 的因子负荷分别为 0.791、0.772、0.756、0.748 与 0.727，依次减小，说明这五个指标对于变量"服务表现"的解释力逐渐减小。可见，提升杭州丝绸服务表现，重点在于提高杭州丝绸的服务保障性、服务专业性和服务周到性，而服务态度和店铺形象的解释力较弱。从侧面反映，对于杭州丝绸产品而言，售后保障、店员的专业性与周到性非常重要，这源于被调查者内心对产品质量的不信任，以及自身鉴别能力的缺乏有关联。

从因子 5"品牌表现"的因子负荷系数来看，知名品牌 BP1、品牌多样性 BP5、图标易识别 BP2 与市场定位 BP3 的因子负荷分别为 0.768、0.740、0.704 与 0.694，依次减小，说明这四个指标对变量"品牌表现"的解释力逐渐减小。这项结果与第 3 部分中杭州丝绸品牌表现编码（图 3-6）情况完全一致。因此，提升杭州丝绸品牌表现，重点在于提高行业内企业品牌的知名度，以优势企业品带动杭州丝绸行业品牌发展。"一花开放不是春，百花齐放春满园"，杭州作为丝绸之府，聚集了大量不同风格、不同梯度的企业品牌，多元化的品牌格局中，要确立高端企业品牌的引领地位，促进中端企业品牌的错位发展。

从因子 6"社会责任"的因子负荷系数来看，维护消费者权益 SR3、重视环境保护 SR1 与传承民族文化 SR4 的因子负荷分别为 0.801、0.738 与 0.719，依次减小，说明这三个指标对变量"社会责任"的解释力逐渐减小。这项结果与第 3 部分中杭州丝绸行业企业社会责任编码（图 3-8）情况一致。因此，提高民众对杭州丝绸行业企业社会责任的认知评价，重点在于维护消费者权益。

从因子 7"文化内涵"的因子负荷系数来看，历史悠久性 CC1、寓意丰富性 CC3 与载体多样性 CC2 的因子负荷分别为 0.811、0.772 与 0.769，依次减小，说明这三个指标对"文化内涵"的解释力逐渐减小。这项结果与第 3 部分中杭州丝绸文化内涵编码（图 3-9）情况存在一定差异，主要体现在指标 CC2 与 CC3 的重要性排序，但是，共同点在于，质化研究与量化研究中测量指标产业历史悠久性 CC1 都是最重要的。因此，提高民众对杭州丝绸文化内涵的认知评价，可以着重从宣扬杭州丝绸悠久的产业历史着手。

（2）中介变量的效度分析。同理，采用 KMO 检验统计量与 Bartlett 球形检验，验证中

介变量的样本数据是否适合做因子分析。分析结果如表 4-15 所示，KMO 检验统计量为
0.849，Bartlett 球形检验显著（且显著概率为0.000），符合因子分析标准。

表 4-15　中介变量的效度分析

因子	测量题项	因子负荷		特征值
		因子 1 情感倾向	因子 2 理性认知	
因子 1 情感倾向	ET1	0.814		2.196
	ET2	0.803		
	ET3	0.789		
因子 2 理性认知	RC2		0.710	2.837
	RC3		0.758	
	RC5		0.752	
KMO 检验统计量 0.849	显著性概率 0.000		近似卡方分布 2880.191	自由度 69
累计解释方差 87.108%		总体 α 系数 0.822		

运用主成分法提取因子，中介变量因子分析转轴后的成分矩阵如表 4-15 所示。从此
表可以看出，中介变量因子提取结果与原量表（表 4-8）中整体评价的维度划分相符，特征值
分别为2.196 和2.837，均大于1，其累计解释方差达到 87.108%，表明两个因子对杭州丝绸
整体评价的解释达到可接受的水平。因此，该测评量表（表 4-8）具有较好的效度。

（3）结果变量的效度分析。行为意愿量表的 KMO 检验统计量 0.849、Bartlett 球形检
验显著（且显著概率为 0.000），符合因子分析标准。结果变量的效度分析结果如表 4-16 所
示：行为意愿量表仅有一个因子，也不存在其他潜在的因子，与初始量表（表 4-9）相符，而且
特征值（2.454）＞1，累计解释方差为 79.581%，说明量表的效度良好。

表 4-16　结果变量的效度分析

变量	测量条款	因子负荷	特征值
行为意愿	BI1	0.691	2.454
	BI2	0.758	
	BI4	0.764	
KMO 检验统计量 0.849	显著性概率 0.000	近似卡方分布 2109.232	自由度 42
累计解释方差 79.581%		α 系数 0.803	

4.2.5　方差分析

情感倾向、理性认知和行为意愿，除了受到产品知识、关联信息、产品表现、服务表现、

品牌表现、社会责任和文化内涵等的影响外,还会受到其他变量如控制变量的影响。本书中的控制变量包括样本个体本身特征的变量,如性别、职业、月收入和在杭生活时间等。对于性别这个二分的控制变量,使用独立样本 T 检验的方法,检验它对情感倾向、理性认知和行为意愿的影响。年龄、学历、职业、月收入和在杭生活时间等均有两个以上的分类,采用方差分析的多重比较,检验它们对情感倾向、理性认知和行为意愿的影响作用。

在方差分析的多重比较时,分别采取最小显著差异(LSD)和基于 T 检验的保守成对比较 Tamhane's T2 进行各组方差具有齐性与否的分析。下文只列出了置信概率95%以下具有显著差异的比较结果。

4.2.5.1 控制变量对杭州丝绸情感倾向的影响研究

根据表 4-17,教育程度、年龄、职业和在杭生活时间等因素对杭州丝绸情感倾向有不同程度的影响:①本科学历群体对杭州丝绸情感倾向在 0.05 水平上,低于专科及以下、研究生学历的群体;②年龄对杭州丝绸情感倾向有显著影响,情感倾向随年龄增长而逐渐提高;③政府机构、行业协会工作人员对杭州丝绸情感倾向在 0.05 水平上,高于企事业单位员工、个体经营者与自由职业者;④在杭生活时间对杭州丝绸情感倾向的影响作用显著,其中,在杭生活 4~10 年的民众对杭州丝绸情感倾向最高。

表 4-17　控制变量对杭州丝绸情感倾向的影响

控制变量	I组	J组	均值差(I组-J组)	显著性概率
教育程度	本科	专科及以下	−0.073(*)	0.030
		研究生	−0.094(*)	0.042
年龄	18~25 岁	26~35 岁	−0.383(*)	0.147
		36~45 岁	−0.449(*)	0.040
		46~55 岁	−0.454(*)	0.030
		56 岁及以上	−0.670(*)	0.000
	26~35 岁	36~45 岁	−0.262(*)	0.030
		46~55 岁	−0.270(*)	0.047
		56 岁及以上	−0.463(*)	0.000
职业	政府机构、行业协会	企事业单位	0.595(*)	0.034
		个体经营	0.295(*)	0.047
		自由职业者	0.890(*)	0.010
在杭生活时间	4~10 年	1 年以下	0.935(*)	0.000
		1~3 年	0.480(*)	0.000
		10~20 年	0.008(*)	0.026
		20 年以上	0.222(*)	0.174

注:＊0.05 水平的显著性分析

4.2.5.2 控制变量对杭州丝绸理性认知的影响研究

根据表4-18,可以看出:①以被调查者性别为对象的独立样本 T 检验中,显著性概率达到了 0.010,小于0.05,意味着性别对于杭州丝绸理性认知的影响有显著差异,且男性高于女性;②月收入在3500元以下的群体对杭州丝绸理性认知显著低于其他群体;③在杭生活时间对杭州丝绸理性认知的影响作用显著,特别是,在杭生活4~10年的群体显著高于在杭生活少于3年的群体。

表 4-18　控制变量对杭州丝绸理性认知的影响

独立样本 T 检验结果				
控制变量	I 组	J 组	差(I组-J组)	显著性概率
性别	男	女	0.365	0.010

多重方差分析结果				
控制变量	I 组	J 组	均值差(I组-J组)	显著性概率
月收入	3500 元以下	6001~10 000 元	−0.735(*)	0.043
专业知识	不了解	非常了解	−0.212	0.010
行业信息	不了解	非常了解	−0.468	0.023
购买渠道	丝绸产品专卖店	商场百货	0.447(*)	0.000
		丝绸批发市场	0.072(*)	0.000
		街边小店	0.080(*)	0.001
在杭生活时间	4~10 年	1 年以下	0.328(*)	0.000
		1~3 年	0.640(*)	0.001
		10~20 年	0.506(*)	0.034
		20 年以上	0.342(*)	0.040

注:＊0.05水平的显著性分析

4.2.5.3 控制变量对杭州丝绸行为意愿的影响研究

控制变量对杭州丝绸行为意愿的作用分析见表4-19:年龄在56岁及以上、教育程度在专科及以下的群体的行为意愿显著高于其他类比群体;月收入低于3500元的群体的行为意愿显著低于其他类比群体。

表 4-19　控制变量对杭州丝绸行为意愿的影响

控制变量	I 组	J 组	均值差(I组-J组)	显著性概率
年龄	56 岁及以上	18~25 岁	0.645	0.000
		26~35 岁	0.755	0.018
		36~45 岁	0.324	0.041

（续表）

控制变量	Ⅰ组	J组	均值差（Ⅰ组—J组）	显著性概率
教育程度	专科及以下	本科	0.219	0.008
		研究生	0.008	0.026
月收入	3500元以下	3501~6000元	−0.247(*)	0.000
		6001~10 000元	−0.412(*)	0.000
		10 000元及以上	−0.457(*)	0.000
职业	政府机构行业协会	企事业单位	0.463(*)	0.030
		个体经营者	0.262(*)	0.047
		自由职业者	0.270(*)	0.000
		其他	0.079	0.543
	企事业单位	个体经营者	0.463(*)	0.030
		自由职业者	0.262(*)	0.047
		其他	0.270(*)	0.000

4.2.6 假设检验

4.2.6.1 基于相关性分析的假设检验

在信度、效度的保障基础上，本书运用相关分析对前因变量（产品知识、关联信息、产品表现、品牌表现、服务表现、社会责任、文化内涵）、中介变量（情感倾向与理性认知）和结果变量（行为意愿）这十个变量进行两两相关分析，考察变量之间的密切程度，分析结果见表4-20。

表4-20 各变量两两相关分析结果

变量	α系数	均值	PK	RI	PP	SP	BP	SR	CC	ET	RC	BI
PK	0.864	4.432	1									
RI	0.850	4.619	0.320**	1								
PP	0.843	4.233	0.296**	0.289**	1							
SP	0.816	4.516	0.254**	0.116**	0.187**	1						
BP	0.837	3.692	0.164**	0.219**	0.295**	0.183**	1					
SR	0.821	4.730	0.356**	0.191**	0.318**	0.235**	0.397**	1				
CC	0.829	4.663	0.315**	0.297**	0.292**	0.296**	0.184**	0.119**	1			
ET	0.758	4.102	0.389**	0.375*	0.306**	0.311**	0.217**	0.310**	0.219**	1		
RC	0.838	4.110	0.034**	0.110**	0.339*	0.375**	0.357**	0.076*	0.066**	0.218**	1	
BI	0.801	4.643	0.106**	0.169**	0.325**	0.420**	0.396**	0.290**	0.128*	0.359**	0.485**	1

** $p < 0.01$（双侧检验）

表 4-21　假设检验结果

假设路径		相关系数	是否支持假设
H1a	PK→ET	0.389**	支持
H1b	PK→RC	0.034**	弱支持
H2a	RI→ET	0.375**	支持
H2b	RI→RC	0.110**	弱支持
H3a	PP→ET	0.306*	支持
H3b	PP→RC	0.339**	支持
H4a	SP→ET	0.311**	支持
H4b	SP→RC	0.375**	支持
H5a	BP→ET	0.217**	弱支持
H5b	BP→RC	0.357**	支持
H6a	SR→ET	0.310**	支持
H6b	SR→RC	0.076**	弱支持
H7a	CC→ET	0.219*	弱支持
H7b	CC→RC	0.066**	弱支持
H8	ET→BI	0.359**	支持
H9	RC→BI	0.485**	支持

　　假设检验结果如表 4-21 所示：H1a 民众掌握的蚕丝织物产品知识对杭州丝绸的情感倾向有正向影响，H1b 民众掌握的蚕丝织物产品知识对杭州丝绸的理性认知有正向影响，H2a 民众接触的杭州丝绸关联信息对杭州丝绸的情感倾向有正向影响，H2b 民众接触的杭州丝绸关联信息对杭州丝绸的理性认知有正向影响，H3a 杭州丝绸产品表现对杭州丝绸的情感倾向有正向影响，H3b 杭州丝绸产品表现对杭州丝绸的理性认知有正向影响，H4a 杭州丝绸服务表现对杭州丝绸的情感倾向有正向影响，H4b 杭州丝绸服务表现对杭州丝绸的理性认知有正向影响，H5a 杭州丝绸品牌表现对杭州丝绸的情感倾向有正向影响，H5b 杭州丝绸品牌表现对杭州丝绸的理性认知有正向影响，H6a 杭州丝绸行业企业社会责任对杭州丝绸的情感倾向有正向影响，H6b 杭州丝绸社会责任对杭州丝绸的理性认知有正向影响、H7a 杭州丝绸产业文化内涵对杭州丝绸的情感倾向有正向影响，H7b 杭州丝绸产业文化内涵对杭州丝绸的理性认知有正向影响，H8 民众对杭州丝绸的情感倾向对行为意愿有正向影响，以及 H9 民众对杭州丝绸的理性认知对行为意愿有正向影响等 16 个假设路径的相关系数统计显著，可以初步判断所有假设均得到检验。

　　然而，产品知识、关联信息、产品表现、服务表现、品牌表现、社会责任、文化内涵、情感倾向、理性认知和行为意愿等 10 个变量之间也可能相互影响和相互作用[152]，从而影响研究结果。因此，根据相关分析结果，进一步对所有假设关系进行结构方程建模，综合分析它们之间的直接和间接影响。

4.2.6.2 基于 AMOS 结构方程分析的假设检验

在前文中,杭州丝绸认知评价调研样本量的信度与效度良好,采用 AMOS21.0 处理数据,检验杭州丝绸认知评价影响机理模型中的假设关系,模型的拟合指标数值范围及建议值如表 4-22 所示。

表 4-22 拟合指标建议值

拟合指标	数值范围	评价标准	数据来源
卡方值(χ^2)/自由度(df)	0 以上	<5	Wheaton(1977)
近似误差均方根（RMSEA）	0 以上	<0.10,好的拟合 <0.05,非常好的拟合 <0.01,非常出色的拟合	Steiger(1990)
拟合优度指数（GFI）	0~1,但也可能出现负值	≥0.9,但是,当 CFI≥0.90 时,GFI≥0.85,就可认为模型具有满意的拟合程度。指数越接近 1,模型拟合效果越好	Bentler(1992);候杰泰等(2004)
调整后拟合优度指数（AGFI）	0~1,但也可能出现负值		
增值拟合优度指数（ETI）	0 以上,大多在 0~1		
较拟合指标（CFI）	0~1		

(1) 原模型(模型Ⅰ)的结构方程检验。原模型即模型Ⅰ运行结构方程路径系数统计显著性检验结果显示(表 4-23),χ^2/df 为 1.837,$\chi^2/df<5$,可以接受(Wheaton 等,1977),说明这一指标符合统计要求;RMSEA 为 0.047,RMSEA <0.05 说明是非常好的拟合(Steiger,1990),符合要求;GFI 值为 0.866,AGFI 值是 0.851,ETI 值是 0.960,CFI 值是 0.960,当 CFI≥0.90 时,只要 GFI≥0.85,就可认为模型的拟合效果良好(Bentler,1992)。因此,原模型检验结果的拟合效果较好(图 4-6)。

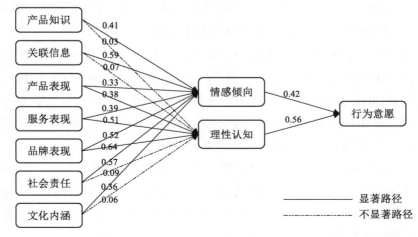

图 4-6 杭州丝绸认知评价作用机理原模型(模型Ⅰ)检验

表 4-23　模型 I 结构方程路径系数统计显著性检验结果

假设路径		标准化路径系数	显著性概率	是否支持假设
H1a	PK→ET	0.41	***	支持
H1b	PK→RC	0.03	0.119	不支持
H2a	RI→ET	0.59	***	支持
H2b	RI→RC	0.07	0.178	不支持
H3a	PP→ET	0.33	***	支持
H3b	PP→RC	0.38	***	支持
H4a	SP→ET	0.39	***	支持
H4b	SP→RC	0.51	***	支持
H5a	BP→ET	0.52	***	支持
H5b	BP→RC	0.64	***	支持
H6a	SR—ET	0.57	***	支持
H6b	SR→RC	0.09	0.132	不支持
H7a	CC→ET	0.36	***	支持
H7b	CC→RC	0.06	0.155	不支持
H8	ET→BI	0.42	***	支持
H9	RC→BI	0.56	***	支持

优度拟合指标　　$\chi^2/df=1.837$,RMSEA=0.047,GFI=0.960,AGFI=0.851,IFI=0.960,CFI=0.866

注：* $p<0.05$, ** $p<0.01$, *** $p<0.001$

由图 4-6 和表 4-23 可见：

假设路径 H1b 民众掌握的蚕丝织物产品知识对杭州丝绸的理性认知有正向影响的标准化路径系数为 0.03,显著性概率为 0.119,说明产品知识与理性认知之间不存在显著相关性；假设路径 H2b 民众接触的杭州丝绸关联信息对杭州丝绸的理性认知有正向影响的标准化路径系数为 0.07,显著性概率为 0.178,说明关联信息与理性认知之间不存在显著相关性；假设路径 H6b 杭州丝绸社会责任对杭州丝绸的理性认知有正向影响的标准化路径系数为 0.09,显著性概率为 0.132,说明社会责任与理性认知之间不存在显著相关性；假设路径 H7b 杭州丝绸产业文化内涵对杭州丝绸的理性认知有正向影响的标准化路径系数为 0.06,显著性概率为 0.155,说明文化内涵与理性认知之间不存在显著相关性。

（2）修正模型（模型 II）的结构方程检验。对原模型（模型 I）的分析表明,H1b 民众掌握的蚕丝织物产品知识对杭州丝绸的理性认知有正向影响,H2b 民众接触的杭州丝绸关联信息对杭州丝绸的理性认知有正向影响,H6b 杭州丝绸社会责任对杭州丝绸的理性认知有正向影响,以及 H7b 杭州丝绸产业文化内涵对杭州丝绸的理性认知有正向影响之间的路径系数不显著。删除这些路径,即 H1b、H2b、H6b 和 H7b,得到模型 I 的修正模型(模型 II),如图 4-7 所示。

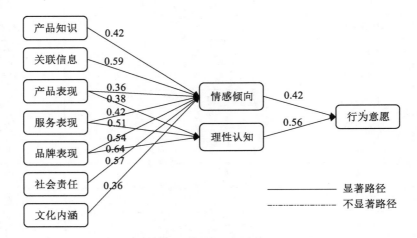

图 4-7 研究假设的修正模型(模型 II)检验

对模型 II 进行运算,结果如表 4-24 所示:$\chi^2/df = 1.837 < 5$;p 值为 0.000;RMSEA = $0.047 < 0.05$;GFI = 0.874,AGFI = 0.851,虽然小于 0.9,但大于 0.85 的最低标准;IFI = 0.960,CFI = 0.960,均大于 0.9。满足模型拟合的条件,因此,模型 II 可以接受。

表 4-24 模型 II 结构方程路径系数统计显著性检验结果

假设路径		标准化 路径系数	显著性 概率	是否支 持假设
H1a	PK→ET	0.42	***	支持
H2a	RI→ET	0.59	***	支持
H3a	PP→ET	0.36	***	支持
H3b	PP→RC	0.38	***	支持
H4a	SP→ET	0.42	***	支持
H4b	SP→RC	0.51	***	支持
H5a	BP→ET	0.54	***	支持
H5b	BP→RC	0.64	***	支持
H6a	SR→ET	0.57	***	支持
H7a	CC→ET	0.36	***	支持
H8	ET→BI	0.42	***	支持
H9	RC→BI	0.56	***	支持
优度拟合指标	$\chi^2/df = 1.837$,RMSEA = 0.047,GFI = 0.874,AGFI = 0.851,IFI = 0.960,CFI = 0.960			

　　从表4-24中路径系数的显著性来看,与模型Ⅰ的模拟结果相比,模型Ⅱ变化不大,由于删去了不显著的路径,其余假设都获得了强支持($p<0.001$);从标准化检验系数来看,模型Ⅱ与模型Ⅰ相比,波动幅度不大,进一步说明研究假设成立具有相当的稳定性。

　　(3)考虑直接效应的修正模型(模型Ⅲ)检验。在前文中,验证了产品知识、关联信息、产品表现、服务表现、品牌表现、社会责任与文化内涵等通过情感倾向与理性认知的中介作用,对行为意愿形成的间接影响;同时,计算了情感倾向与理性认知对行为意愿的直接影响。然而,模型的拟合优度可能会因为缺少某些显著关系而受到影响。

　　因此,在模型Ⅱ的基础上,增加了前因变量(产品知识、关联信息、产品表现、服务表现、品牌表现、社会责任、文化内涵)与结果变量(行为意愿)之间的直接效应,共七条新增路径,得到了考虑直接效应的修正模型(模型Ⅲ),如图4-8所示;并且,进一步运算和检验研究假设和研究模型,探索可能存在的拟合度更优的模型。

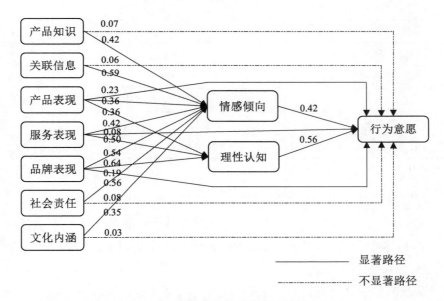

图 4-8　考虑直接效应的修正模型(模型Ⅲ)检验

表 4-25　模型Ⅲ结构方程路径系数统计显著性检验结果

假设路径		标准化路径系数	显著性概率	是否支持假设
H1a	PK→ET	0.42	***	支持
H2a	RI→ET	0.59	***	支持
H3a	PP→ET	0.36	***	支持
H3b	PP→RC	0.36	***	支持
H4a	SP→ET	0.42	***	支持
H4b	SP→RC	0.50	***	支持

（续表）

假设路径		标准化路径系数	显著性概率	是否支持假设
H5a	BP→ET	0.54	***	支持
H5b	BP→RC	0.64	***	支持
H6a	SR→ET	0.56	***	支持
H7a	CC→ET	0.35	***	支持
H8	ET→BI	0.42	***	支持
H9	RC→BI	0.56	***	支持
可能路径				
H10	PK→BI	0.07	0.104	不支持
H11	RI→BI	0.06	0.113	不支持
H12	PP→BI	0.23	***	支持
H13	SP→BI	0.08	0.004	支持
H14	BP→BI	0.19	0.013	支持
H15	SR→BI	0.08	0.438	不支持
H16	CC→BI	0.03	0.244	不支持

优度拟合指标　$\chi^2/df=1.835$，RMSEA$=0.047$，GFI$=0.876$，AGFI$=0.853$，IFI$=0.962$，CFI$=0.962$

注：* $p<0.05$，** $p<0.01$，*** $p<0.001$

模型Ⅲ可以识别，其运算结果如图4-8与表4-25所示。

从表4-25可以看出：$\chi^2/df=1.835<3$；RMSEA$=0.047$，小于0.10；GFI$=0.876$，AGFI$=0.853$，虽然略小于0.9，但大于0.85的最低标准；IFI$=0.962$，CFI$=0.962$，均大于0.9。因此，模型Ⅲ可以接受。

从路径系数的显著性来看，对比分析模型Ⅲ与模型Ⅱ的运算结果：原假设路径的变化不大，而且，各假设关系都得到了强支持；同时，从七条新增路径来看，产品知识、关联信息、产品表现、服务表现、品牌表现、社会责任和文化内涵都直接影响民众的行为意愿；从显著性水平来看，模型Ⅲ有三条显著路径，即产品表现、服务表现、品牌表现对民众行为意愿的直接效应，而其他四条新增路径的直接效应都不显著。研究进一步证明了中介效应分析的结果，也就是说，产品表现、服务表现和品牌表现三个维度不仅通过整体评价的中介作用间接影响民众的行为意愿，而且，它们对行为意愿存在直接影响作用。

（4）修正模型再检验（模型Ⅳ）。在模型Ⅲ中，新增四条路径不显著。因此，从模型的简约性出发，删除这四条路径后再次运算，检验模型的拟合情况，从而得到简化的修正模型（模型Ⅳ），如图4-9所示。根据可识别模型的判断标准，模型Ⅳ依旧可以识别。

对模型Ⅳ进行估计运算，结果如图4-9与表4-26所示。

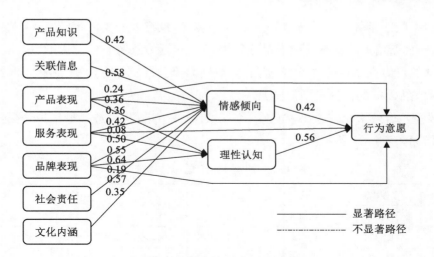

图 4-9 修正模型再检验(模型Ⅳ)

从表 4-26 可以看出：$\chi^2/df = 1.835 < 5$；RMSEA $= 0.047$，小于 0.10；GFI $= 0.876$，AGFI $= 0.853 > 0.85$；IFI $= 0.962$，CFI $= 0.962$，均大于 0.9。这些值与模型Ⅰ相比，变化不大，因此，模型Ⅳ可以接受。

表 4-26 模型Ⅳ的结构方程路径系数统计显著性检验结果

假设路径		标准化路径系数	显著性概率	是否支持假设
H1a	PK→ET	0.42	***	支持
H2a	RI→ET	0.58	***	支持
H3a	PP→ET	0.36	***	支持
H3b	PP→RC	0.36	***	支持
H4a	SP→ET	0.42	***	支持
H4b	SP→RC	0.50	***	支持
H5a	BP→ET	0.55	***	支持
H5b	BP→RC	0.64	***	支持
H6a	SR→ET	0.57	***	支持
H7a	CC→ET	0.35	***	支持
H8	ET→BI	0.42	***	支持
H9	RC→BI	0.56	***	支持
新增加的路径				
H12	PP→BI	0.24	***	支持
H13	SP→BI	0.08	0.004	支持
H14	BP→BI	0.19	0.013	支持
优度拟合指标		$\chi^2/df = 1.835$, RMSEA $= 0.047$, GFI $= 0.876$, AGFI $= 0.853$, IFI $= 0.962$, CFI $= 0.962$		

注：* $p < 0.05$, ** $p < 0.01$, *** $p < 0.001$

从路径系数的显著性来看,模型Ⅳ与模型Ⅲ相比,没有太大变化,说明15个研究假设均获得了支持,而新增加的杭州丝绸产品表现对民众的行为意愿有正向影响、杭州丝绸服务表现对民众的行为意愿有正向影响、杭州丝绸品牌表现对民众的行为意愿有正向影响这三条路径系数,在0.05的概率水平下显著。

(5)模型拟合效果比较。比较模型Ⅰ~Ⅳ的拟合结果,从中选择最优拟合模型。各模型的拟合指标如表4-27所示。

表4-27　模型Ⅰ~Ⅳ的拟合比较

模型	χ^2/df	GFI	AGFI	IFI	CFI	RMSEA
Ⅰ	1.837	0.866	0.851	0.960	0.960	0.047
Ⅱ	1.837	0.874	0.851	0.960	0.960	0.047
Ⅲ	1.835	0.876	0.853	0.962	0.962	0.047
Ⅳ	1.834	0.878	0.854	0.962	0.962	0.046

从表4-27可以看出,模型Ⅰ~Ⅳ的各项拟合指标都在可接受范围内,且差异不大,说明研究模型的稳定性较好。

与模型Ⅰ相比,模型Ⅱ的各项拟合指标变化不大,但是,由于删除了不显著路径,它在简约性上优于模型Ⅰ。

模型Ⅲ在模型Ⅱ的基础上,考虑了前因变量——产品知识、关联信息、产品表现、服务表现、品牌表现、社会责任、文化内涵与结果变量——行为意愿之间的直接效应。结果表明,模型Ⅲ在新增七条路径后的拟合情况没有明显变化。由此得出一个重要的结论,即杭州丝绸的产品表现、服务表现和品牌表现对民众的行为意愿具有显著的影响($p<0.01$)。

模型Ⅳ是在模型Ⅲ的基础上,删除了四条不显著的路径后得到的。模型Ⅳ的拟合指标 χ^2/df 优于模型Ⅰ~Ⅲ。"准确"且"相对简洁"是衡量模型优劣的标准[153]。模型Ⅳ既结构简洁,又能够准确地描述原有的复杂关系,因此成为笔者最终采用的模型。

① 影响因素与杭州丝绸情感倾向的关系强度。从模型Ⅳ的标准化路径系数来看,关联信息、社会责任、品牌表现、服务表现、产品知识、产品表现、文化内涵七个因素作为解释变量,路径系数依次减小,说明这七个因素对杭州丝绸情感倾向的影响逐渐减小。

其中,关联信息、社会责任和品牌表现三个因素的标准化路径系数分别是0.58、0.57和0.55,说明三个变量对杭州丝绸情感倾向的影响较大;而产品表现和文化内涵两个因素的标准化路径系数均是0.36,它们对杭州丝绸情感倾向的影响较小。

② 影响因素与杭州丝绸理性认知的关系强度。从模型Ⅳ的标准化路径系数来看,品牌表现、服务表现和产品表现三个因素作为解释变量,路径系数依次减小,说明这三个因素对杭州丝绸理性认知的影响作用逐渐减小。其中,品牌表现和服务表现两个因素的标准化路径系数分别是0.64和0.51,它们对杭州丝绸理性认知的影响较大;而产品表现的标准化路径系数是0.38,它对杭州丝绸理性认知的影响较小。

4.2.7　结果分析

由假设检验的最终结果即表 4-26 可见,原模型(模型 I)的 16 个假设中,除了 H1b 民众掌握的蚕丝织物产品知识对杭州丝绸的理性认知有正向影响、H2b 民众接触的杭州丝绸关联信息对杭州丝绸的理性认知有正向影响、H6b 杭州丝绸社会责任对杭州丝绸的理性认知有正向影响,以及 H7b 杭州丝绸产业文化内涵对杭州丝绸的理性认知有正向影响,其余 10 个假设均得到验证(表 4-23)。另外,模型 IV 新增加 3 条路径——杭州丝绸产品表现对民众的行为意愿有正向影响、杭州丝绸服务表现对民众的行为意愿有正向影响、杭州丝绸品牌表现对民众的行为意愿有正向影响。根据模型 I ～ IV,特别是模型 IV 的假设检验,以及表 4-23～表 4-26 中前因变量、中介变量与结果变量之间的影响效应,关于本书的研究假设可以得到的检验结论总结于表 4-28 中。

表 4-28　研究假设的结构方程检验结果

假设路径		是否支持假设
H1a	PK→ET	支持
H1b	PK→RC	不支持
H2a	RI→ET	支持
H2b	RI→RC	不支持
H3a	PP→ET	支持
H3b	PP→RC	支持
H4a	SP→ET	支持
H4b	SP→RC	支持
H5a	BP→ET	支持
H5b	BP→RC	支持
H6a	SR→ET	支持
H6b	SR→RC	不支持
H7a	CC→ET	支持
H7b	CC→RC	不支持
H8	ET→BI	支持
H9	RC→BI	支持
新增加的路径		
H10	PK→BI	不支持
H11	RI→BI	不支持
H12	PP→BI	支持
H13	SP→BI	支持
H14	BP→BI	支持
H15	SR→BI	不支持
H16	CC→BI	不支持

由表 4-28 可见,(1)证实假设 12 个——假设 H1a:民众的产品知识对杭州丝绸的情感倾向有正向影响;假设 H2a:民众接触的杭州丝绸关联信息对杭州丝绸情感倾向有正向影响;假设 H3a:杭州丝绸产品表现对杭州丝绸情感倾向有正向影响;假设 H3b:杭州丝绸产品表现对杭州丝绸理性认知有正向影响;假设 H4a:杭州丝绸服务表现对杭州丝绸情感倾向有正向影响;假设 H4b:杭州丝绸服务表现对杭州丝绸理性认知有正向影响;假设 H5a:杭州丝绸品牌表现对杭州丝绸情感倾向有正向影响;假设 H5b:杭州丝绸品牌表现对杭州丝绸理性认知有正向影响;假设 H6a:杭州丝绸社会责任对杭州丝绸情感倾向有正向影响;假设 H7a:杭州丝绸文化内涵对杭州丝绸情感倾向有正向影响;假设 H8:杭州丝绸情感倾向对民众行为意愿有正向影响;假设 H9:杭州丝绸理性认知对民众行为意愿有正向影响;(2)未证实假设四个——假设 H1b:民众的产品知识对杭州丝绸理性认知有正向影响;假设 H2b:民众接触的杭州丝绸关联信息对杭州丝绸理性认知有正向影响;假设 H6b:杭州丝绸社会责任对杭州丝绸理性认知有正向影响;假设 H7b:杭州丝绸文化内涵对杭州丝绸理性认知有正向影响;(3)额外发现三个关系——H12:杭州丝绸产品表现对民众行为意愿具有积极的直接影响;H13:杭州丝绸服务表现对民众行为意愿具有积极的直接影响;H14:杭州丝绸品牌表现对行为意愿具有积极的直接影响。

通过实证研究说明,由扎根理论研究得出的理论模型成立,评价体系有效可用,即:杭州丝绸整体评价可以通过情感倾向与理性认知两个维度测量;影响杭州丝绸整体评价的因素有产品知识、关联信息、产品表现、服务表现、品牌表现、社会责任和文化内涵;杭州丝绸整体评价与行为意愿显著正相关。

4.3　杭州丝绸认知评价体系说明

根据检验结果,七个影响因素都得以保留,按照重要程度依次是产品表现、服务表现、产品知识、品牌表现、关联信息、社会责任和文化内涵;但是,个别评价指标如市场占有率、成长潜力等被剔除。

结合质性分析中民众对各影响因素的认知内容,杭州丝绸认知评价体系如图 4-9 所示,分为个体和环境两个层面:个体层面包括民众掌握的丝绸产品知识和接触到的杭州丝绸关联信息两个影响因素;环境层面包括民众认知到杭州丝绸产品表现、服务表现、品牌表现、社会责任和文化内涵五个影响因素。

产品知识通过自身掌握的丝绸产品的专业知识和经验知识两项内容认知,分别对应性能特点、织物特征和养护知识的了解程度,以及经验丰富性和鉴别能力五项评价指标。

关联信息通过自身接触的信息获取渠道、行业企业推介和媒体舆论导向三项内容认知,分别对应信息渠道便捷性、宣传推广能力和负面信息处理能力,以及媒体舆论导向四项评价指标。

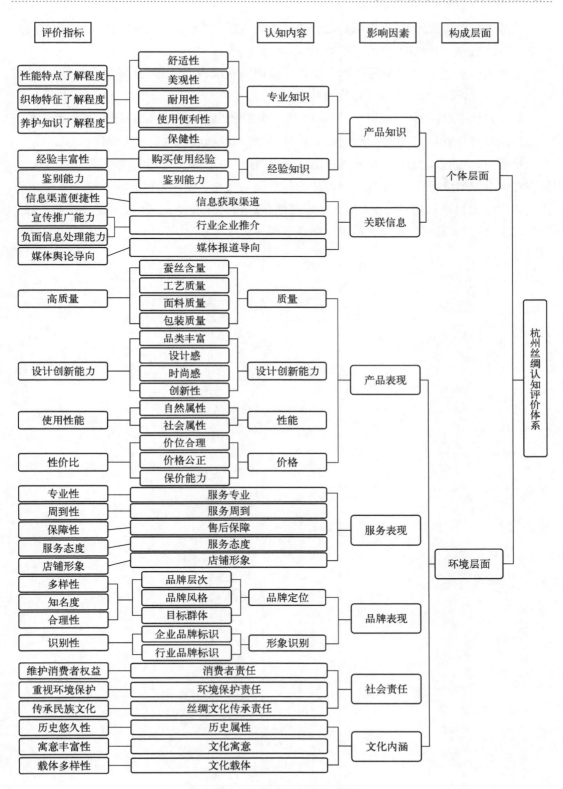

图4-9 杭州丝绸认知评价体系

产品表现通过杭州丝绸的质量、设计创新能力、性能和价格四项内容认知,分别对应高质量、设计创新能力、性能和性价比四项评价指标。

品牌表现通过杭州丝绸的品牌定位和形象识别两项内容认知,分别对应多样性、知名度和合理性,以及易识别性四项评价指标。

服务表现通过杭州丝绸的服务专业性、服务周到性、售后保障、服务态度和店铺形象五项内容认知,分别对应专业性、周到性、保障性、服务态度和店铺形象五项评价指标。

社会责任通过杭州丝绸的消费者责任、环境保护责任和文化传承责任三项内容认知,分别对应维护消费者权益、重视环境保护和传承民族文化三项评价指标。

文化内涵通过杭州丝绸的历史属性、文化寓意和文化载体三项内容认知,分别对应历史悠久性、寓意丰富性和载体多样性三项评价指标。

5 群体差异下的杭州丝绸认知评价

正如《周易·系辞上》中提到的"仁者见之谓之仁,智者见之谓之智",受主观因素和环境的影响,面对同样的问题,不同的人从不同的立场或角度,会产生不同的看法。杭州丝绸历史悠久,种类繁多,形态各异,人们接触到的杭州丝绸各不相同,也会产生不同的认知评价。

本章运用实证研究阶段收集的定量资料,根据杭州丝绸整体评价的作用结果"行为意愿",将被调查者分为"趋近型"与"趋远型"两类群体,向前追溯两类群体对杭州丝绸认知评价差异的具体指标,并结合访谈资料分析差异性产生的原因。

5.1 产品知识

根据杭州丝绸认知评价作用机制,民众的产品知识水平与情感倾向呈正相关关系,并通过情感倾向间接影响其对杭州丝绸产生趋近或规避的行为意愿。趋近型群体与趋远型群体的丝绸产品知识水平差异如图 5-1 所示。

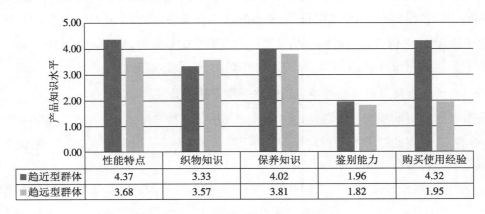

	性能特点	织物知识	保养知识	鉴别能力	购买使用经验
■趋近型群体	4.37	3.33	4.02	1.96	4.32
趋远型群体	3.68	3.57	3.81	1.82	1.95

图 5-1 两类群体的丝绸产品知识水平差异

产品知识水平是被调查者对自身掌握丝绸知识熟悉度的自我衡量,包括专业知识水平和经验知识水平。

5.1.1 专业知识

专业知识水平在问卷中由"我对蚕丝织物的性能特点非常了解""我比身边的人更了解

蚕丝织物""我知道有关蚕丝织物洗涤保养方面的知识"构成,三个题项的均值为 3.92,接近正向态度"同意",说明被调查者对自身掌握的蚕丝织物专业知识持较为认可的态度。两类群体的产品知识水平差异如图 5-1 所示:①趋近型群体的丝绸产品专业知识水平的均值高于趋远型群体;②"性能特点"的比较差异明显高于其他两个题项。为了深入了解民众对蚕丝纤维及其织物"性能特点"的认知水平,笔者设计了舒适性、美观性、耐用性、保健功能及使用便利性的认知分量表。

根据民众对蚕丝纤维及其织物专业知识的掌握程度,设置了"完全不了解""不太了解""不确定""基本了解""非常了解",分别给予 1、2、3、4、5 等分数,从而得出被调查者 i 对于服用丝绸面料各项属性 j 的认知得分 S_{ij},然后计算个体认知水平 S_i,以及全部样本的平均单项认知水平 MS_j 和平均认知水平 MS,计算公式如下:

$$S_i = \sum_{j=1}^{5} S_{ij} \qquad (5-1)$$

$$MS_j = \frac{1}{n} \sum_{i=1}^{n} S_{ij} \qquad (5-2)$$

$$MS = \frac{1}{n} \sum_{j=1}^{5} \quad \sum_{i=1}^{n} S_{ij} \qquad (5-3)$$

笔者以人们比较熟悉的服用丝绸面料作为具体的参考对象,使被调查者在评价打分时更有针对性,研究结果具有横向比较性。

在服用丝绸面料产品"性能特点"重要性的认知调查中,将每个选项的重要性排序按照 5 分制转换,得到被调查者对丝绸产品每项属性重要性的认知得分 R_j。

问卷数据采用统计软件 SPSS 19.0、Excel 2013 进行录入与分析。

5.1.1.1　蚕丝纤维及其织物性能特点认知水平测评量表开发

蚕丝纤维是天然的蛋白质纤维,含有人体所需的 18 种氨基酸,与人体皮肤的化学成分近似,有着"人造皮肤""纤维皇后""保健纤维"等众多美誉,是用于服装、服饰、家纺等领域的高级纺织原材料。

舒适性、美观性和实用性是人们对服装的三个基本要求,其中,舒适性是最基本和最重要的[154]。

(1)舒适性。服装舒适性,具体到服用丝绸面料来说,主要体现在两方面:一是当环境温度发生变化时丝绸服装是否能够对人体的冷热感觉发挥缓冲保护作用;二是丝绸面料与人体皮肤接触时的触感[155]。鉴于服用丝绸面料舒适性各项子性能的重要程度及主观可判断性,研究在文献回顾基础上,分别从热湿舒适性与接触舒适性两个维度,采用吸湿性、放湿性、透气性、导热性与保暖性、刚柔性、抗静电性和亲肤性七个指标,调查民众的认知水平,如表 5-1 所示。

表 5-1　服用丝绸面料舒适性认知量表

项目	维度	编号	条款内容	完全不了解	不太了解	不确定	基本了解	非常了解
舒适性	热湿舒适性	1	吸湿性	1	2	3	4	5
		2	放湿性	1	2	3	4	5
		3	透气性	1	2	3	4	5
		4	导热性与保暖性	1	2	3	4	5
	接触舒适性	5	刚柔性	1	2	3	4	5
		6	抗静电性	1	2	3	4	5
		7	亲肤性	1	2	3	4	5

（2）美观性。服装美观性即服装的外观效果,从服装心理学的角度而言,包括良好的视觉特性和触觉特性,反映在面料上是指拥有良好的外观形态与力学性能。

根据相关研究文献,服装面料的外观性能测量指标一般包括悬垂性、硬挺度、折痕回复性、起毛起球性、抗皱性和刚柔性等[156];根据相关技术标准,与面料有关的服装外观评价指标还有色牢度、车缝性能和缩水率等;结合访谈资料,与丝绸面料有关的服装外观评价指标,还有其独特的光泽、洗涤后易折皱变形、日晒易泛黄、缝口易纰裂、花型少、不时尚等特点。由于日晒易泛黄、车缝性能（滑丝、缝口纰裂）与色牢度、易变形（扭曲、缩水、尺寸稳定性）等分别对应耐光性、耐用性、保形性,更贴近服装的实用性能;硬挺度与刚柔性则更多地影响服装的手感,笔者将其归属到舒适性范畴,此处不做考虑。

故而,笔者提取光泽、悬垂性、抗起毛起球性、抗皱性四个共性指标,开发服用丝绸面料美观性认知量表（表 5-2）。

表 5-2　服用丝绸面料美观性认知量表

项目	编号	条款内容	完全不了解	不太了解	不确定	基本了解	非常了解
美观性	1	光泽	1	2	3	4	5
	2	悬垂性	1	2	3	4	5
	3	抗起毛起球性	1	2	3	4	5
	4	抗皱性	1	2	3	4	5

（3）耐用性。耐用性是织物在一定使用条件下抵抗损坏的能力,一般包括耐光性、耐磨性、耐洗性等。织物在使用过程中会受到各种外界因素的作用,使用价值逐渐降低,甚至损坏。导致丝绸面料损坏的原因很多,例如:①蚕丝纤维的耐光性较差,这是因为主成分蛋白质受到阳光强烈照射后发生化学反应,分子结构被破坏,反映到外观上就是发黄、脆化;②蚕丝纤维光滑,纤维与纤维之间的摩擦系数很小,因此,受力部位容易滑脱、纰裂等。结

合丝绸面料的固有特性,笔者提取耐光性、尺寸稳定性、勾丝纰裂性、色牢度四个指标,开发服用丝绸面料耐用性认知量表(表5-3)。

表5-3　服用丝绸面料耐用性认知量表

项目	编号	条款内容	完全不了解	不太了解	不确定	基本了解	非常了解
耐用性	1	耐光性	1	2	3	4	5
	2	尺寸稳定性	1	2	3	4	5
	3	勾丝纰裂性	1	2	3	4	5
	4	色牢度	1	2	3	4	5

(4)保健功能。蚕丝纤维具有与人体皮肤相似的化学结构,因此,以蚕丝纤维为主材质的服用丝绸面料可以在人体与外界环境之间形成一道天然的保护屏障。

关于丝绸性能的文献研究揭示,丝绸面料对人体的保健功效主要表现在抗紫外线辐射、吸附有害气体、治疗皮肤瘙痒、防螨、防霉、抗过敏、抗菌、抑菌等方面。以此为基础,结合访谈资料,笔者开发了服用丝绸面料保健功能认知量表(初始量表),如表5-4所示。

表5-4　服用丝绸面料保健功能认知量表(初始量表)

项目	编号	条款内容	完全不了解	不太了解	不确定	基本了解	非常了解
保健功能	1	抗紫外线辐射	1	2	3	4	5
	2	吸附有害气体	1	2	3	4	5
	3	治疗皮肤瘙痒	1	2	3	4	5
	4	防螨、防霉、抗过敏	1	2	3	4	5
	5	抗菌、抑菌	1	2	3	4	5
	6	滋润护肤	1	2	3	4	5
	7	健康环保	1	2	3	4	5

注:利用助剂整理、纤维混纺等方式,能够赋予服用丝绸面料很多特殊功能,本书对此不做讨论

由于各项指标之间存在一定的内在关联性,小样本预调查发现,民众并不能准确地区分各项功能。因此,合并了"抗紫外线辐射""吸附有害气体""治疗皮肤瘙痒"和"滋润护肤"四项内容,描述为"真丝面料对保护皮肤、养颜具有一定功效";合并了"抗菌、抑菌"和"防螨、防霉、抗过敏"两项内容,描述为"真丝面料具有一定的防螨、抑菌、抗过敏功能";同时,采纳受访者提议,调整一项内容"真丝面料天然、健康、环保"。最后,形成"服用丝绸面料保健功能认知量表(修正量表)",如表5-5所示。

表5-5　服用丝绸面料保健功能认知量表(修正量表)

项目	编号	条款内容	完全 不了解	不太 了解	不确 定	基本 了解	非常 了解
保健 功能	1	防螨、抑菌、抗过敏	1	2	3	4	5
	2	保护皮肤、养颜	1	2	3	4	5
	3	天然、健康、环保	1	2	3	4	5

(5)使用便利性。随着生活节奏的日益加快,人们对服装使用便利性的需求逐渐提升。民众对丝绸服装使用便利性的困扰,贯穿于丝绸服装的洗涤、穿着与存放的全过程。

访谈资料显示,民众普遍认为,丝绸服装适合手洗,不宜机洗,而且对洗涤剂有着特殊要求,洗涤不慎容易造成丝绸服装褪色或交叉染色;近半数的受访者提及,丝绸服装在洗涤后和穿着过程中都非常容易起皱,需要熨烫整理;另外一个关注点是丝绸服装的存放,保存不当容易发生虫蛀、霉变、泛黄等问题。

综上所述,笔者选取洗涤不便、不易打理及存放麻烦三个指标开发量表,测量民众对丝绸服装使用便利性的认知水平,如表5-6所示。

表5-6　服用丝绸面料使用便利性认知量表

内容	编号	测量项目	完全 不了解	不太 了解	不确 定	基本 了解	非常 了解
使用 便利性	1	洗涤不便	1	2	3	4	5
	2	不易打理	1	2	3	4	5
	3	存放麻烦	1	2	3	4	5

5.1.1.2　测评量表信度与效度分析

采用Cronbach's α 系数检验丝绸面料"性能特点"测评量表的内部一致性(即信度),拒绝使用Cronbach's α 低于0.5的低信度量表。根据专业知识水平测评量表的信度分析结果,21项测量因子所对应的五个量表的 α 系数在 $0.87\sim0.898$,均明显大于0.77,说明信度较高,可以使用。服用丝绸面料性能特点认知水平测评量表信度分析如表5-7所示。

表5-7　服用丝绸面料性能特点认知水平测评量表信度分析

项目	测量条款数量	Cronbach's α
舒适性	7	0.893
美观性	4	0.873
耐用性	4	0.898
保健功能	3	0.870
使用便利性	3	0.897

效度指正确性程度,指测量工具在多大程度上反映想要测量的概念的真实含义。效度越高,说明测量结果越能显示测量对象的真实特征。采用舒适性、美观性、耐用性、保健功能、使用便利性五个分量表与总量表的相关性是否超过各个量表之间相关检验的结构效度,结果如表5-8所示,分量表因子之间的相关性在0.614~0.693,意味着测评量表具有较好的效度。

表5-8　服用丝绸面料性能特点测评量表因子间的相关矩阵

项目	舒适性	美观性	耐用性	保健功能	使用便利性
舒适性	1.000	0.677**	0.623**	0.693 **	0.657**
美观性	0.677**	1.000	0.535**	0.623 **	0.555**
耐用性	0.623**	0.535**	1.000	0.643**	0.836**
保健功能	0.693**	0.623**	0.643**	1.000	0.614**
使用便利性	0.657**	0.555**	0.836**	0.614**	1.000

5.1.1.3　研究结果

分别计算1549名被调查者对各项性能的认知得分S_{ij},在此基础上计算五项属性的平均认知水平MS_j。结果表明,民众对服用丝绸面料五项属性的平均认知水平为3.96,从高到低排列依次为美观性(4.19)、舒适性(3.98)、保健功能(3.88)、使用便利性(3.87)与耐用性(3.81),如图5-2所示。

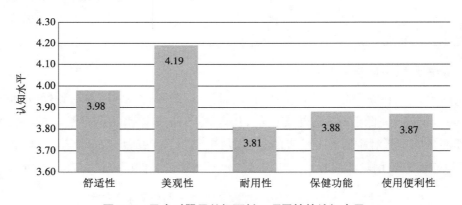

图5-2　民众对服用丝绸面料五项属性的认知水平

从调查结果可以看出,民众对服用丝绸面料美观性和舒适性的认知状况相对乐观,而对其保健功能、使用便利性与耐用性的认知水平偏低。为了便于在杭州普及丝绸文化知识,能够有针对性地提升民众的丝绸专业知识水平,笔者进一步分析了各项性能的认知状况,以便找出认知不充分的服用丝绸面料属性。分别比较两类群体对丝绸面料各项属性的认知水平,结果如图5-3所示。

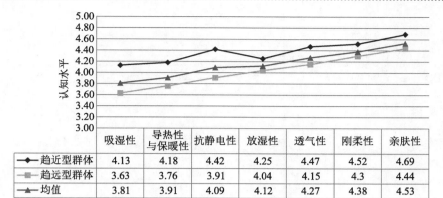

	吸湿性	导热性与保暖性	抗静电性	放湿性	透气性	刚柔性	亲肤性
趋近型群体	4.13	4.18	4.42	4.25	4.47	4.52	4.69
趋远型群体	3.63	3.76	3.91	4.04	4.15	4.3	4.44
均值	3.81	3.91	4.09	4.12	4.27	4.38	4.53

（a）舒适性各指标得分

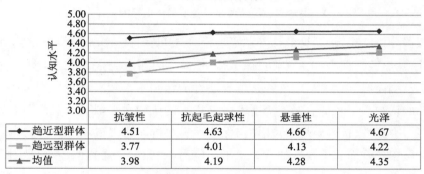

	抗皱性	抗起毛起球性	悬垂性	光泽
趋近型群体	4.51	4.63	4.66	4.67
趋远型群体	3.77	4.01	4.13	4.22
均值	3.98	4.19	4.28	4.35

（b）美观性各指标得分

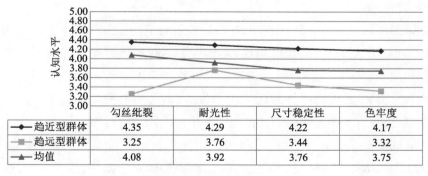

	勾丝纰裂	耐光性	尺寸稳定性	色牢度
趋近型群体	4.35	4.29	4.22	4.17
趋远型群体	3.25	3.76	3.44	3.32
均值	4.08	3.92	3.76	3.75

（c）耐用性各指标得分

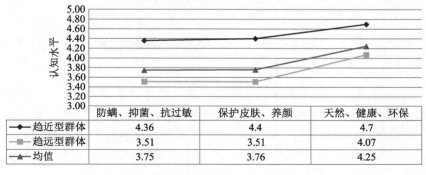

	防螨、抑菌、抗过敏	保护皮肤、养颜	天然、健康、环保
趋近型群体	4.36	4.4	4.7
趋远型群体	3.51	3.51	4.07
均值	3.75	3.76	4.25

（d）保健功能各指标得分

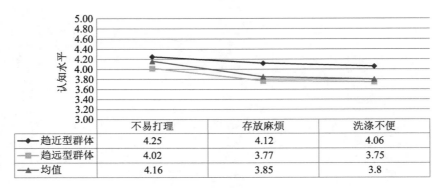

	不易打理	存放麻烦	洗涤不便
◆ 趋近型群体	4.25	4.12	4.06
■ 趋远型群体	4.02	3.77	3.75
▲ 均值	4.16	3.85	3.8

（e）使用便利性各指标得分

图 5-3 民众对服用丝绸面料各项属性指标的认知水平

根据数据分析结果,舒适性的认知水平均值为 3.98(图 5-2),七项测量指标由低到高依次是吸湿性、导热性与保暖性、抗静电性、放湿性、透气性、刚柔性、亲肤性(图 5-3)。可见,民众对服用丝绸面料"可触摸"的外在接触舒适性的认知水平较高,而对于"可感知"的内在热湿舒适性的认知水平较低。对于舒适性各项指标的认知水平,趋远型群体均低于趋近型群体,特别是,吸湿性、抗静电性、导热性与保暖性三项指标的认知差异高于 10%。

民众对服用丝绸面料美观性的认知水平均值为 4.19(图 5-2),四项测量指标由低到高依次是抗皱性、抗起毛起球性、悬垂性、光泽。趋近型群体对于各项测量指标的认知水平均明显高于趋远型群体。

耐用性认知水平均值为 3.81,趋近型群体对四项测量指标的认知水平从低到高依次是色牢度、尺寸稳定性、耐光性、勾丝纰裂性,趋远型群体对四项测量指标的认知水平从低到高依次是勾丝纰裂性、色牢度、尺寸稳定性、耐光性。其中,勾丝纰裂性是两类群体认知差异最明显的测量指标,趋远型群体的认知水平为 3.25,是所有测量指标中得分最低的。这一认知盲点,容易导致丝绸面料得不到正确的使用而损坏其耐用性。

保健功能认知水平均值为 3.88,三项测量指标从低到高依次是防螨、抑菌、抗过敏功能,保护皮肤、养颜功能,天然、健康、环保功能。两类群体对于防螨、抑菌、抗过敏功能和保护皮肤、养颜功能的认知差异明显,趋近型群体的认知水平均在 4.3 以上,而趋远型群体的认知水平均在 3.8 以下,说明丝绸面料的保健功能是趋远型群体的认知盲点之一。

使用便利性认知水平均值为 3.87,三项测量指标从高到低依次是不易打理、存放麻烦、洗涤不便。

研究显示,在民众对服用丝绸面料各项性能测量指标的认知中,趋远型群体未达到"基本了解"水平的指标有舒适性中的抗静电性、吸湿性、导热性与保暖性,保健功能中的保护皮肤、养颜功能与防螨、抑菌、抗过敏功能,而这些性能都是蚕丝织物优良服用性能的具体表现,也是推广和宣传丝绸产品时需要特别重视的;此外,趋远型群体未达到"基本了解"水平的指标,还有美观性中的抗皱性、耐用性中的全部测量指标——勾丝纰裂性、耐光性、尺寸稳定性(保形性)与色牢度,以及使用便利性中的存放麻烦与洗涤不便,这些都会影民众对丝绸产品质量的评价。

分别计算1549位被调查者对丝绸面料五项属性的重要性评价,在此基础上,计算五项属性的相对重要性,所得值从高到低依次为舒适性、美观性、使用便利性、保健功能、耐用性,如图5-4所示,其中,保健功能和耐用性的重要性排序与访谈资料数据编码频次存在差异(表3-6)。

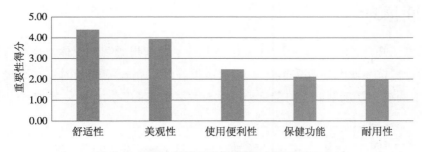

图 5-4　民众对丝绸面料性能特点的重视程度

调查结果显示,民众对丝绸面料的舒适性和美观性的重视程度较高,而对于丝绸面料的保健功能和耐用性的重视程度较低。重要性排序说明:①舒适性和美观性是丝绸面料获得民众认可的根本因素;②丝绸面料在服装中的开发与应用,需要重视使用便利性;③保健功能和耐用性不是民众关注的重点因素。

对于保健功能的认知,在深度访谈过程中发现,部分受访者对丝绸面料的保健功能给予了高度评价,提到"我很喜欢丝绸连衣裙,虽然它比较贵也不是很耐穿,但是,我知道,那是因为它就像太阳伞一样,为我的皮肤与外界铸就了一道天然屏障——丝绸面料吸收了紫外线而保护了我的皮肤不被晒伤,所以,每年夏天都会买几件丝绸衣服"。但是,更多的受访者对丝绸面料的保健功能只字不提。这些访谈信息说明,丝绸面料的保健功能不是不重要,而是没有被充分认知。

5.1.2　经验知识

经验知识水平在问卷中由"我会鉴别蚕丝织物的品质质量""我具有购买使用杭州丝绸产品的相关经验"两个题项构成。根据统计结果(图5-1)可以得到:①趋近型群体的经验知识水平整体高于趋远型群体的经验知识水平;②两类群体对自身"鉴别能力"的评分较低,均值低于2,说明被调查者普遍缺乏蚕丝织物品质质量的鉴别能力,且"鉴别能力"差异较小,说明该因素不是导致趋近或趋远行为的关键原因;③两类群体的"购买使用经验"差异较为明显,趋近型群体的"购买使用经验"的评分均值明显高于趋远型群体,说明购买使用经验是影响民众对杭州丝绸产生趋近或趋远行为意愿的因素之一。

上述分析显示,趋近型群体与趋远型群体的产品知识水平差异主要表现在蚕丝纤维及其织物的性能特点和杭州丝绸的购买使用经验上。

蚕丝纤维及其织物拥有良好的物理化学性能，是丝绸产品在众多纺织品中脱颖而出、赢得大众青睐的根本原因。根据产品知识与整体评价之间的作用关系，可以通过强化丝绸面料的舒适性与美观性，消除保健功能的知识盲点，以及培养杭州丝绸使用经验等途径，提升民众对杭州丝绸的整体评价及趋近型行为意愿。

5.2　关联信息

关联信息认知评价在问卷中由"我有各种渠道了解杭州丝绸""媒体对杭州丝绸的报道多数是正面的""杭州丝绸在宣传推广方面做得很好""杭州丝绸能及时妥善地处理负面信息"四个题项构成。趋近型群体与趋远型群体对关联信息的认知评价差异如图5-5所示。

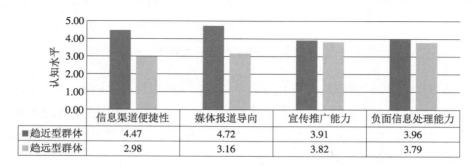

	信息渠道便捷性	媒体报道导向	宣传推广能力	负面信息处理能力
■趋近型群体	4.47	4.72	3.91	3.96
■趋远型群体	2.98	3.16	3.82	3.79

图5-5　两类群体对关联信息的认知评价差异

根据统计结果可以得到：①趋近型群体对关联信息的认知评价均值高于趋远型群体；②两类群体对于"信息渠道便捷性"与"媒体报道导向"等两项测量指标的认知评价差异比较明显。结合实证分析阶段，"媒体报道导向"和"信息渠道便捷性"是对变量"关联信息"解释力最大的测量指标。可见，提高趋远型群体对"媒体报道"和"信息渠道"的认知评价，能够有效提升杭州丝绸关联信息认知评价。

5.2.1　信息渠道

从访谈数据中发现，民众获取杭州丝绸关联信息的渠道主要是电视、广播、网站、微信、微博等电子媒介，其次是专业人士、亲朋好友的推荐，然后是公共场所、各类活动与会议等，最后是其他和纸质媒介，如图5-6所示。

杭州地区已经有多所中小学以文化社团、第二课堂等形式，将丝绸文化引入

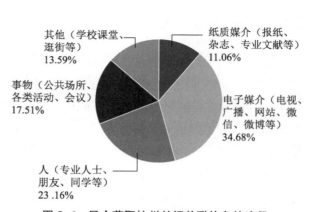

图5-6　民众获取杭州丝绸关联信息的途径

学校拓展教育,其形式多种多样。例如,组织学生参观丝绸主题博物馆,邀请专家开展丝绸非遗技艺制作传承第二课堂,举办课外兴趣拓展班等。本书中被调查者的年龄基本在 25 岁以上,因此,他们了解杭州丝绸的途径是"源于学校教育"这一项的数据调查具有滞后性。

结合访谈资料,受访者认为杭州丝绸中的多个品牌在沟通消费者方面存在不足,"现在想要了解鲜花、家具等稍微有点知名度的品牌,都建有独立的微信公众平台,而搜索'都锦生',都没有微信公众号出来。感觉'杭州丝绸'应该与时俱进,建立品牌微信、抖音或者快手公众号,以便于在年轻人、中老年人都玩的领域中占有一席之地,这样做不仅仅是为了卖产品,还要科普丝绸知识,宣传丝绸文化"。

随着网络信息技术的发展,电子媒介越来越成为人们获取信息的主要渠道,特别是自媒体时代的到来,自媒体平台、网站的传播力量不可小觑,这在笔者调研中得到了证实。另外是口碑传播,"人"的影响力仅次于电子媒介,占到 23.16％。杭州作为会议会展城市之一,大型活动非常多,每年秋季在杭州举办的中国国际丝绸博览会,为杭州丝绸信息推介和知识传播搭建了很好的平台。

5.2.2　媒体报道

如图 5-5 所示,趋近型群体在"媒体报道导向"题项中的得分均值为 4.72,说明日常接触的杭州丝绸媒体信息是积极、正向的;而趋远型群体在"媒体报道导向"题项中的得分均值为 3.16,接近 3(即不确定),说明趋远型群体对杭州丝绸的相关媒体报道信息的方向性不明朗,这可能与被调查者本身未关注杭州丝绸的相关信息,或者接触的杭州丝绸媒体报道的正向信息与负向信息同时存在。正如受访者谈到的:"原来想趁着年底大促,去将之前看中的蚕丝被买回家。结果搜索信息时,看到网络媒体报道——市监管局抽检丝绸制品时发现,两家商户涉嫌虚假标签和虚假宣传,说明市场秩序、产品质量不是特别让人放心,而且,媒体没有指明是哪家店铺,哪里还敢冒然去买。"可见,负面媒体报道信息会负向影响民众行为意愿。

根据杭州丝绸认知评价机制,关联信息通过影响民众对杭州丝绸的情感倾向间接影响其对杭州丝绸产生趋近或趋远的行为意愿。因此,提升杭州丝绸整体评价,促使民众产生趋近杭州丝绸行为意愿,可以通过提供便捷、畅通的信息沟通渠道和媒体报道引导等措施,特别要重视电子媒介、意见领袖的影响力。

此外,从访谈资料来看,消费者、设计者、营销人员等对丝绸知识和丝绸文化都存在认知不充分的问题。所谓"酒香也怕巷子深",像曾经以丝绸外贸业务为主的杭州丝绸企业品牌——凯喜雅丝绸、华泰丝绸、永达兰等,其产品有很多品质优良的,但它们在国内缺乏有效宣传推广,民众知晓度难以与企业品牌的规模相匹配。

两类群体对反映杭州丝绸行业推介能力的两个指标"宣传推广能力"和"负面信息处理能力"的评分均低于 4 分,说明杭州丝绸在行业、企业推介方面具有很大的提升空间。

5.3 产品表现

产品表现认知评价在问卷中由"杭州丝绸产品具有较高的质量""杭州丝绸产品的设计创新能力较好""杭州丝绸产品具有良好的性能""杭州丝绸产品具有较高的性价比"四个题项构成。趋近型群体与趋远型群体对杭州丝绸产品表现的认知评价差异如图5-7所示。

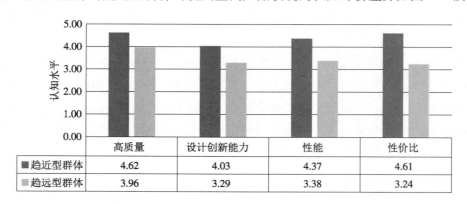

	高质量	设计创新能力	性能	性价比
■趋近型群体	4.62	4.03	4.37	4.61
▨趋远型群体	3.96	3.29	3.38	3.24

图5-7 两类群体对杭州丝绸产品表现的评价差异

由统计结果可以得到:①趋近型群体对产品表现的评分均值全部高于趋远型群体;②两类群体在四项指标"高质量""设计创新能力""性能""性价比"上皆存在差异。其中,高质量体现在杭州丝绸产品的蚕丝含量、面料质量、工艺质量和包装质量等方面,设计创新能力体现在丝绸服装服饰类、丝绸面料类、丝绸家纺类、丝绸工艺品类等杭州丝绸产品所折射出来的品类丰富性、设计感、时尚感和创新性等方面,性能体现在杭州丝绸产品的功能性、使用便利性和适用性等方面,性价比体现在杭州丝绸产品的价格公正、产品价位和保价能力等方面。鉴于两类群体在四项指标上都存在认知差异,笔者根据访谈资料和实证数据做进一步分析。

5.3.1 质量

产品质量是影响民众认知评价杭州丝绸的重要因素,正如法国服装连锁商佛朗索瓦·付杰所认为的那样,曾经在服装市场上"起决定作用的价格因素,已经逐渐让位于款式和质量"。

在深度访谈阶段,民众提及频次最高的丝绸产品质量问题有以次充好、掺假使杂、伪造品牌、价格参差不齐和使用寿命短等,如表5-9所示。在主轴式编码阶段,笔者将其归纳为蚕丝含量、面料质量、工艺质量和包装质量四个初始范畴。

从质性数据中分析民众对杭州丝绸产品质量问题的提及频次,在用以开放式编码的120份访谈数据中,47位受访者提及"偷工减料,以次充好"的质量问题;32位受访者提及"有遭遇'假丝绸'的可能";27位受访者提及"担心过丝绸产品的耐用性差,使用寿命短";21

位受访者提及"由于价格参差不齐,对质量产生怀疑";16位受访者提及"杭州丝绸市场上可能存在仿冒品牌"的情况;此外,9位受访者提及对杭州丝绸产品质量有其他顾虑,如产品的安全性。质量问题被提及的频次越高,说明受到民众的关注程度越高,如图5-8所示。

表5-9 民众反馈的杭州丝绸产品质量问题归纳

主要问题	详细内容描述
以次充好（次品）	偷工减料,成分不足,产品质量不达标。例如,常见的654素绉缎为16.5姆米,而很多产品基本在15.8姆米左右。普通消费者难以鉴别,但是,成品洗涤之后经纬疏松,易勾丝纰裂
掺假使杂（假货）	部分或者全部利用人造纤维替代蚕丝纤维。例如,某些店铺为了招揽顾客,在门口出售10元/条的真丝方巾,标榜"杭州丝绸",但是其材质实际上是100%涤纶。贪图便宜的消费者很容易被误导
伪造品牌（冒牌）	伪造知名度高、美誉度好的品牌商标。例如,消费者为了追求品质上的放心,倾向于选择知名度高、美誉度好的品牌,而商家为了追求利润,不惜冒用他人商标迎合消费者心理
价格参差不齐	价格有高有低,对产品质量产生怀疑。例如,同样的产品,不同的商家报价差距过大,而普通消费者无法辨别真伪优劣——那么,买高价产品,担心只是价格虚高;买低价产品,又担心买到假货
使用寿命短	印染工艺、造型工艺等持久性差,产品耐用性差、使用寿命短。例如,民众反映购买的丝绸睡衣在洗涤之后出现缩水变形、褪色等问题。可能是产品自身质量不过关,也可能由丝绸产品的洗涤护养方式不对导致的

注:表中只罗列了民众反馈较为集中的典型问题

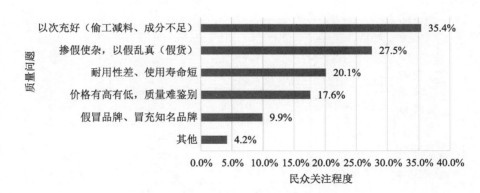

图5-8 民众对杭州丝绸产品质量问题的提及频次排序

由于民众对产品质量可靠性存在一定质疑,而且蚕丝含量难以鉴别,民众在购买丝绸产品时,将鉴别能力当作一种必备技能,或者请有经验的丝绸行家保驾护航。这对杭州丝绸带来了一定的负面影响。

这种现象的产生,与杭州丝绸集体声誉的公共产品特性有关。行业内存在个别企业,借杭州丝绸集体声誉的东风,通过假冒伪劣的手段牟取私利。这难免导致杭州丝绸出现"柠檬市场"[157],提高了民众的感知风险,从而使他们对杭州丝绸产品的品质产生质疑。这一问题在蚕丝含量上尤为突出。

5.3.1.1　蚕丝含量

民众喜欢丝绸产品,在很大程度上源于蚕丝纤维优良的性能。蚕丝含量是杭州丝绸产品质量表现中民众最关注的焦点之一。关注的具体问题在于,蚕丝纤维含量达到多少才能称为"杭州丝绸"。表5-9中,"掺假使杂"对应的假货问题正是蚕丝纤维含量不足的体现。

从广义的丝绸来看,产品材质不局限于蚕丝纤维,这在国家标准中有据可循,这就使得"化纤绸"以丝绸的身份存在合理化;而且,从严格意义上来讲,不能将"化纤绸"称为"假丝绸",或者说,"假丝绸"的概念是不存在的。例如,常见的涤纶仿真丝产品(如涤纶含量100%)属于广义上的丝绸产品,但是它不属于杭州丝绸——依据公序良俗原则,杭州丝绸的蚕丝纤维含量≥50%。因此,表5-9中提及的涤纶仿真丝产品,如果称为"丝绸"就不存在质量问题,如果标榜为"杭州丝绸"则是销售伪劣产品,欺瞒顾客。

如此一来,难免有些商家利用这个专业的、有国家标准"护体"的丝绸概念打擦边球,导致大量的"10元丝绸"在市场上光明正大地存在,并以丝绸的名义销售。从产品材质上来看,这些超低价丝绸多数是100%化纤绸(如涤丝绸),以致于市场上"商家卖的丝绸"不是"买家需要的丝绸",从而引发民众质疑"杭州丝绸"存在假丝绸的现象。

杭州丝绸产品品类丰富,蚕丝纤维含量难以一概而论。笔者选取民众关注度较高的蚕丝被、丝绸睡衣、织锦和杭缎四类产品,分别代表杭州丝绸家纺类产品、服装服饰类产品、工艺品类产品和面料类产品,比较两类群体对杭州丝绸产品蚕丝含量的期望值调查结果,如图5-9所示。

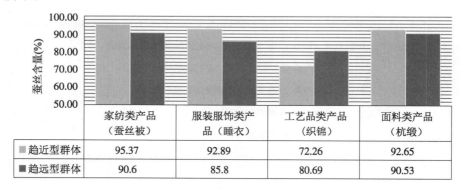

	家纺类产品 (蚕丝被)	服装服饰类产品(睡衣)	工艺品类产品(织锦)	面料类产品(杭缎)
趋近型群体	95.37	92.89	72.26	92.65
趋远型群体	90.6	85.8	80.69	90.53

图 5-9　两类群体对杭州丝绸产品蚕丝含量的期望值

由图5-9可见,两类群体对杭州丝绸产品的蚕丝含量的期望值都比较高,趋近型群体对蚕丝被、睡衣与杭缎三类产品的期望值都高于90%,对织锦类产品的期望值为72.26%;趋远型群体对蚕丝被与杭缎两类产品的期望值略高于90%,对睡衣和织锦类产品的期望值为80%。在四类产品中,两类群体对蚕丝被和睡衣类产品的期望值都比较高(>90.5%),对工艺品类产品的期望值差异较为明显,而对于杭缎的期望值较为接近。

(1)家纺类产品(以蚕丝被为例)的蚕丝含量期望值。蚕丝被的质量等级受到多种因素的影响:①填充物的蚕丝含量、种类与纤维形态;②丝绵的加工工艺和制胎工艺;③包裹填充物的胎套(被套)等。但是,人们较熟悉的是采用蚕丝含量这一指标衡量蚕丝被的质量。对于蚕丝被而言,填充物中蚕丝纤维的种类和含量直接影响产品的使用性能和产品品质,因此,将蚕丝含量作为认知评价蚕丝被质量的指标是合理的。

调研结果显示,两类群体对蚕丝被填充物中蚕丝含量期望值都高于90%。事实上,根据 GB/T 24252—2009《蚕丝被》,填充物中蚕丝含量达到50%就可以称为蚕丝被。这种高期待心理与实际落差可能是导致杭州丝绸产品"高质量,低评价"的原因之一,甚至使"杭州丝绸"被误贴"掺假使杂""以次充好"的标签。根据 GB/T 24252—2009《蚕丝被》,蚕丝被填充物的蚕丝含量标准如表5-10所示。

表 5-10   不同质量等级的蚕丝被填充物中的蚕丝含量

质量等级	类别	填充物中的蚕丝含量	纤维形态
优等品	纯蚕丝被	100%	长丝绵或中长丝绵
一等品		100%	长丝绵或中长丝绵
合格品	混合蚕丝被	50%及以上	—

由表5-10可知,纯蚕丝被指填充物纤维全部是桑蚕丝和(或)柞蚕丝;混合蚕丝被指蚕丝含量达到50%及以上。蚕丝被分为三个质量等级,优等品和一等品的蚕丝含量为100%,旨在确保天然蚕丝的优良特性得以充分体现;而合格品的蚕丝含量要求达到50%及以上。优等品是质量等级最高的蚕丝被,一般填充物使用"桑蚕丝纤维""含量100%",且纤维形态是"长丝绵"。

结合访谈资料,在人们的认知观念里,"蚕丝被的填充物就应该是蚕丝,而且含量需达到90%",这些错误认知影响了人们对杭州丝绸的客观评价。

同时,人们的关注点仅在蚕丝含量上,而对于"哪一种蚕丝(桑蚕丝或者柞蚕丝)""蚕丝的纤维形态""所谓蚕丝被的重量,是填充物的纯重量,还是含胎套的重量",很少会主动要求或质疑。

事实上,填充物即使全部采用蚕丝纤维,但是,由于纤维形态不同——长丝、中长丝和短纤,成品蚕丝被的质量和性能也不一样;同样,蚕丝纤维有桑蚕丝和柞蚕丝之别,即使填充物中的蚕丝含量都达到100%,但是,产品质量和价格也可能相差迥异。图5-10所示为蚕丝被的填充物丝绵与包裹物胎套。某些商家利用消费者的知识空白,将蚕丝被胎套的重量计入填充物的重量(注:很多蚕丝被按照重量计价),误导消费者。

(2)丝绸服装类产品(以睡衣为例)的蚕丝含量期望值。桑蚕丝以舒适、美观、保健等多种功能被人们誉为"纤维皇后",在问世之初,就被用来制作高端的服装服饰类产品。选取丝绸睡衣作为服装服饰类产品的代表,是源于丝绸睡衣在产品功能上相对较为单一,被调查者不受或少受外界因素干扰,能够根据自身体验或者经历做出较为客观真实的评价。

调研结果显示,趋近型群体与趋远型群体对丝绸睡衣蚕丝含量的期望值分别为92.89%和85.8%。根据国家标准 GB/T 26380—2011《纺织品   丝绸术语》,蚕丝含量达到50%及

图 5-10 丝绵(左)与胎套(右)

以上的丝织物可以称为真丝绸,采用真丝绸面料深加工制作而成的服装可以称为丝绸服装。因此,从丝绸睡衣的蚕丝含量来看,两类群体对蚕丝含量的预期比较高。

(3) 工艺品类产品(以杭州织锦为例)的蚕丝含量期望值。调研结果显示,两类群体对杭州织锦的蚕丝含量的期望值分别为 72.26% 和 80.69%,两个数据都高于国家标准规定的 50%。

丝绸工艺品类多数是交织产品,以民众比较熟悉的杭州织锦为例,图 5-11 所示为都锦生制作的大型织锦壁挂《春苑凝晖》,其原材料"经纱为染色桑蚕丝,纬纱为染色人造丝",属于比较典型的非全真丝产品。

图 5-11 大型织锦壁挂《春苑凝晖》

(4) 面料类产品(以杭缎为例)的蚕丝含量期望值。笔者选取"杭缎"作为面料类产品的代表,是因为绫、罗、绸、缎是丝织品中的典型品种,而杭罗和杭缎是杭州丝绸面料的代表品种。但是,由于罗织物稀少,民众对杭罗的熟悉程度不及杭缎。杭缎是指在杭州生产的缎类丝织物,质地柔软而厚实,表面平滑而有光泽,在丝绸服装、丝绸家纺中应用都比较广泛。

调研结果显示,两类群体对杭缎的蚕丝含量的期望值分别为 92.65% 和 90.53%,两个数据非常接近,也比较客观。事实上,用作服装面料的锦缎类产品大多数是非全真丝的。例如,真丝弹力缎含有 7% 左右的氨纶纤维,但是,它融合了两种纤维的优势,其弹性、舒适性和抗皱性等比一般的全真丝绸都要好。

蚕丝含量是影响民众认知评价杭州丝绸质量的重要因素。民众对杭州丝绸产品蚕丝含量的高期望值,以及与实际购买使用过程中,丝绸产品真实的蚕丝含量之间存在的心理落差,影响其对杭州丝绸质量的客观评价。

5.3.1.2 面料质量

在深度访谈过程中,杭州丝绸服装服饰及家纺类产品中使用的丝绸面料的质量问题是民众认知评价杭州丝绸产品质量的影响因素之一。

丝绸面料的质量问题主要表现在原料的成分和含量、布面经纬疏松、洗后尺寸变化大、尺寸稳定性差、使用过程中容易变形、色牢度差、容易勾丝纰裂、甲醛含量高、异味和起毛起球性等。其中,原料的成分和含量主要是指(桑)蚕丝纤维的含量,前文已做分析;结合真丝面料的相关特性与质性分析中提取的概念频次,笔者以强度、耐光性、保形性和色牢度四项指标为例,调研两类群体对杭州丝绸面料质量的满意度,结果如图 5-12 所示。

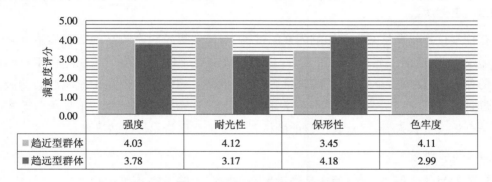

	强度	耐光性	保形性	色牢度
■趋近型群体	4.03	4.12	3.45	4.11
■趋远型群体	3.78	3.17	4.18	2.99

图 5-12 两类群体对杭州丝绸面料质量的满意度

调研结果显示,两类群体对杭州丝绸面料的强度、色牢度、保形性和耐光性的满意度均存在差异。趋近型群体与趋远型群体对丝绸面料强度的满意度分别为 4.03 和 3.78,接近 4,说明民众能够意识到丝绸面料的强度不足。由于蚕丝纤维表面光滑,纤维与纤维之间的摩擦系数很小,受力部位(如缝口)容易因纤维滑移而产生纰裂,因此,洗涤过程中的揉搓、绞拧等动作都会导致丝绸面料产生纰裂的现象,严重影响丝织物的强度。两类群体之间存在一定的比较差异(9.51%),但是,该差异在体现丝绸面料质量的四项性能中最小,不是导致趋远行为产生的关键因素。

对于耐光性的满意度调研结果显示,趋近型群体的满意度为 4.12,高于 4,而趋远型群体的满意度为 3.71,两类群体之间的比较差异较为明显(11.05%)。这说明民众能够客观评价丝绸面料的耐光性差这一性能特点。蚕丝纤维的耐光性差是由于蚕丝的主要成分为蛋白质,大气环境中的氧化剂或紫外线都能够使其泛黄、裂解或强度降低。在天然纤维和人造纤维中,蚕丝纤维的耐光性最差,日晒容易发黄、脆化。

两类群体对保形性的满意度评分差异较为明显(21.2%),其中,趋近型群体对保形性给予了较低的评分(3.45)。保形性指面料在受机械力、热或其他外界条件作用下,其外形尺寸不发生变化的性能。根据深度访谈资料,民众对于丝绸面料保形性方面的质量问题反馈主要有洗涤容易缩水、使用容易起皱、收藏易产生折痕,面料很难保持原有外观,其中以缩水变小为主。缩水性是由于纤维吸湿膨胀导致的。吸湿性能好的纤维,缩水性一般较大。

两类群体对色牢度的满意度评分差异非常明显(37.45%),其中,趋远型群体对杭州丝绸面料的色牢度满意度的评分只有2.99,说明丝绸面料的色牢度较差,这一认知与丝绸面料的真实色牢度有一定差距。运用活性染料的现代印染工艺,改善了丝绸面料水洗色牢度和日晒色牢度等问题。

综上所述,两类群体对体现丝绸面料质量的四项属性的满意度都存在差异,特别是色牢度和保形性问题,比较差异超过20%。诚然,丝绸面料的确存在这些问题,这在很大程度上是由蚕丝纤维的物理性能决定的,而非生产工艺的缺陷。同时,也不可否认,以次充好的人为因素也是造成产品质量受到质疑的重要因素。

5.3.1.3 工艺质量

在探索杭州丝绸认知评价影响因素的过程中,民众提及频次较高的工艺质量问题主要包括印染工艺、造型工艺和缝纫工艺等。其中,民众对于印染工艺的关注点在于杭州丝绸产品的色牢度、染料安全环保、甲醛含量等;对于造型工艺的关注点在于丝绸服装的版型质量、保形性;对于缝纫工艺的关注点在于针距匀称、线迹顺直、缝口平整、不易滑脱等车缝性能。结合访谈资料来看,民众对于目前的杭州丝绸工艺质量总体比较满意。

5.3.1.4 包装质量

包装的目的是保护产品,使产品经过生产、储存、运输及销售等过程之后,能够安全、卫生地送达使用者。随着设计水平与包装技术的日益提升,商家发现,精美的包装对于提高产品附加值、提升品牌形象、促进产品销售功不可没。发展到如今,在一些产品自身价值相对较低的行业,由于商家过于追求产品外包装所带来的附加值,使产品包装的成本甚至超过商品自身的价值,以致于舍本逐末,出现了过度包装的现象。

从访谈资料来看,个别受访者提及杭州丝绸产品的包装问题,如"我希望把包装盒还给商家,商家能够折现返还给我""我买这条丝巾是准备自己用的,体积小小的,放到包包里刚刚好,根本不需要这么精美的包装,如果能折算成优惠就好了""包装盒确实很养眼,但是对我来说很是鸡肋,我还想继续逛街,拿着这些东西既招摇又累人。可是,店员说了,产品由公司统一定价,而包装是随带产品赠送的,若是顾客不需要,她也没有办法私自给优惠。唉,拿着累,丢了可惜"。可见,对于杭州丝绸产品的包装质量,受访者基本是比较满意的;但是,店铺在变通包装强加规则方面存在改进空间:根据消费者需求,将外包装折算成优惠金额,给到放弃包装的消费者。

5.3.2 设计创新能力

设计创新能力是促使产品推陈出新,提升企业竞争优势,推动产业优化结构,助推国家走向"丝绸强国"的有效力量。趋近型群体和趋远型群体对设计创新能力认知评价的均值分别为4.03和3.29,如图5-7所示,在杭州丝绸产品表现的四项指标中都是最低的,说明在民众的认知观念里,杭州丝绸的设计创新能力亟待提升;而且,两类群体的比较差异达到22.5%,从他们对杭州丝绸设计创新能力的具体认知内容中,可以找出提升认知评价的空间。

结合访谈资料,可观测的设计创新能力主要体现在丝绸产品的外观上。根据设计创新能力的编码情况,分别从杭州丝绸产品的品类丰富性、设计感、时尚感与创新性四项内容进行分析。

5.3.2.1 品类丰富性

结合访谈资料,对杭州丝绸存在明显的回避、恶评等趋远型行为意愿的人群,在日常生活中较少接触丝绸与杭州丝绸,他们对于杭州丝绸产品品类的认知,停留在影视剧传达的传统复古型服装、绸缎类面料的刻板印象里,对于杭州丝绸丰富多样的产品品类知之甚少。反之,多次购买、分享与推荐杭州丝绸产品的人群,他们在日常生活中接触丝绸及杭州丝绸产品的机会非常多,对杭州丝绸产品的品类丰富性有着较为全面的认知。

笔者梳理了访谈资料中民众曾经购买或者使用的杭州丝绸产品情况(图5-13),结果显示,围巾、披肩、时装、睡衣、面料、蚕丝被、被套、枕套、床单等产品占比50%以上,属于民众比较熟悉的品类;旗袍、内衣、打底裤、领带、蚕丝毯、包袋、鼠标垫等产品占比20%~50%,属于民众比较了解的品类;而绸伞、绢扇、织锦画、卷轴画、丝绵袄、鞋子、丝绸书和颈枕等产品占比不足10%,属于民众不太了解的品类。

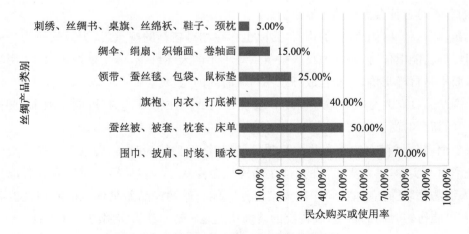

图 5-13 民众购买或使用的杭州丝绸产品品类

这项调查结果符合生产实践。关于蚕丝纤维的应用情况显示,约55%用于生产丝绸服装,约20%用于生产床品件套、巾被毯等家纺类产品,约15%用于生产围巾、领带等服装配饰类产品,民众对杭州丝绸工艺品类与文创类产品知之甚少,在实际生产中,仅10%左右的蚕丝纤维用于文化礼品、休闲保健用品等领域。

可见,杭州丝绸产品门类丰富,品种多样,按照不同的使用功能,可以分为六大类:①丝绸面料类,如绉、纺、缎、锦、罗等;②丝绸服装类,如时装、睡衣、旗袍、内衣、丝绵袄(裤)、打底裤等;③丝绸配饰类,如围巾、披肩、领带、包袋(手包、票夹、钱包)、鞋子等;④丝绸家纺类,如蚕丝被、台毯、靠垫、窗帘、床单、被套、枕套、颈枕等;⑤丝绸工艺品与文创产品类,如丝绸书画、绸伞、绢扇、刺绣、鼠标垫、桌旗、邮票、Ipad套等;⑥其他小众产品,如用作墙纸、壁画等装饰材料及医疗保健绸。

5.3.2.2　设计感

设计感是一个比较抽象的概念,采用受访者的理解,是"与众不同的""新颖的""让人心理舒适的"。设计感,作为初始范畴之一,在质性资料中的编码数量达到42次,说明它是受访者比较关注的产品属性。特别是受访者谈到丝绸服装服饰品类、丝绸工艺品类和丝绸文创类产品时,都会提及产品的设计感,说明设计感对丝绸产品有着重要的附加意义。

结合杭州丝绸行业内的企业家访谈资料,大家比较认同,杭州丝绸在产业链上仍旧表现出"两头小,中间大"的橄榄型结构。虽然,企业越来越重视丝绸产品与工艺的设计研发能力,但是,设计水平与能力的提升不是一朝一夕可以急于求成的。因此,居于产业链中间的生产织造环节,仍旧是杭州丝绸产业的主要优势,而位于两端的前端设计与后期营销环节仍然比较薄弱。

5.3.2.3　时尚感

时尚具有时代性和时代特征,传统观念中的时尚较为注重产品的装饰性功能。通过访谈资料发现,受访者普遍认为,杭州丝绸产品缺乏时尚感,具体表述为"传统的""老气的""过时的",不符合社会大众的主流审美。

但是,在这种"时尚匮乏"的声音之外,也存在相对新颖的观点,认为蚕丝作为一种舒适性能与保健功能俱佳,但是其原材料蚕茧供应不足的天然纤维,本身就应该"以实用功能为时尚",而不是自降身价,去和合成纤维参与快时尚的竞争。

丝绸产品具有改变时尚循环周期和表现方式的内在特质,它有可能从根本上引领"实用至上"的新型时尚。

服装消费领域存在的一个共性问题是,以装饰性功能为时尚,而这些花拳绣腿的功能往往是华而不实的,是背离生活的,这在现代社会受到了一些质疑。对于服装服饰类产品而言,人们需要装饰性功能,同样需要实用性功能。丝绸产品兼具优良的服用性能和外观美感,有可能扭转时尚的轨道,其传统的装饰功能逐渐转向注重实用的穿着功能。

5.3.2.4　创新性

从质性分析中的编码数量来看,受访者对杭州丝绸创新性的提及频次较少(14人次),反映出两条信息:一是,能够作为初始范畴从众多原始概念中脱颖而出,说明杭州丝绸的创新性受到了人们的关注;二是,创新性的编码频次只有 14 次(偏低),说明社会关注度不高,或者创新性不是杭州丝绸的优势特性。这在访谈内容上有所体现,有 8 位受访者认为杭州丝绸产品的创新性不足,产品风格趋于大众化。

实际上,杭州丝绸非常注重创新,其新产品研发在全国丝绸行业中都比较领先。融入了文化创意概念的万事利丝绸工艺品,融入了健康环保概念的达利环保功能性丝绸产品,以及融入了高新科技概念的时装产品等,不断推陈出新。但是,丝绸产品的创新性主要体现在新产品开发和生产工艺改进上,而这两项内容对于民众来说,如果他们平时不关注杭州丝绸信息,则比较难以给予客观评价。

最后,笔者通过访谈资料整理了民众对杭州丝绸产品设计创新能力的关注程度,如表 5-11 所示。

表 5-11　民众对杭州丝绸产品设计创新能力的关注程度

产品类别	设计感	时尚感	创新性
丝绸服装类	☆☆☆☆☆	☆☆☆☆☆	☆☆
丝绸配饰类	☆☆☆☆	☆☆☆☆	☆☆☆
丝绸家纺类	☆☆	☆☆	☆☆
丝绸面料类	☆☆☆☆	☆☆☆	☆☆☆☆
丝绸工艺品类	☆☆	☆	☆
丝绸文创产品类	☆	—	☆☆

注:五颗星表示非常关注,依次递减

由表 5-11 所示可以看出:①对于丝绸服装、丝绸配饰类产品而言,人们重视设计感与时尚感,结合访谈资料,这两项属性集中体现在造型、款式、风格、色彩和图案等方面;②对于丝绸家纺类产品而言,设计感、时尚感与创新性同等重要,但是,关注度都不高;③对于丝绸面料类产品而言,人们重视创新性与设计感,结合访谈资料,这两项属性主要体现在色彩、质地与图案等方面;④对于丝绸工艺品与文创产品而言,设计感与创新性比较重要。值得注意的是,同一类产品的五角星数量才具备比较性。例如,丝绸文创产品类的五角星数量很少,这是由于民众提及这类产品的次数非常少。

综上,对于体现杭州丝绸产品设计创新能力的品类丰富性、设计感、时尚感和创新性的质性资料分析结果显示,品类丰富性是民众认知评价较为客观的属性,而设计感、时尚感和创新性的认知评价不太理想。一方面,与民众对丝绸产品的刻板印象有关,先入为主的"传统的、老气的、过时的"传统印象深刻脑海,影响了民众对杭州丝绸的客观评价;另一方面说明,提升杭州丝绸设计创新能力的社会评价,要在时尚感与创新性等方面下工夫,深入了解市场对丝绸产品结构、色彩、风格、图案、功能、花型、织纹、质地、工艺的追求与期待,同时加强新产品、新工艺的宣传与推广,缓解信息不对称现象,让民众正确、客观地了解杭州丝绸。另外,从时尚感访谈资料中提取了杭州丝绸引领"实用至上"新型时尚的可能性。

5.3.3 性能

　　根据杭州丝绸认知评价作用机制,本小节将从自然属性和社会属性两项内容展开对比研究。自然属性是由蚕丝纤维的天然特性赋予其织物及成品的性能,包括舒适性、美观性、耐用性、保健功能和使用便利性等,该项调查强调民众对杭州丝绸产品性能的评价(区别于"5.1 产品知识"中的"性能特点"是民众对自身知识水平的评价);社会属性则是由人类的使用目的赋予杭州丝绸产品的功能属性,包括杭州丝绸产品的功能用途与适用性等。

5.3.3.1　自然属性

　　自然属性是丝绸制品拥有良好的产品功能和使用价值的根源所在,决定了产品的实际用途。深度访谈阶段,民众提及频次较高的丝绸产品性能非常多,包括体现舒适性能的吸湿性、透气性、亲肤性,体现视觉美观的光泽柔和明亮、优雅悦目,体现保健功能的抗紫外线辐射、防螨抑菌抗过敏、治疗皮肤瘙痒,也有反映使用便利性的易皱、难打理、洗涤存放麻烦,反映耐用性的日晒发黄、脆化、褪色等。这些性能特点较为集中地反映在服用丝绸面料上。

　　调查结果显示,两类群体对美观性与耐用性的满意度较为接近,而舒适性、保健功能与使用便利性的评价差异显著,如图 5-14 所示。

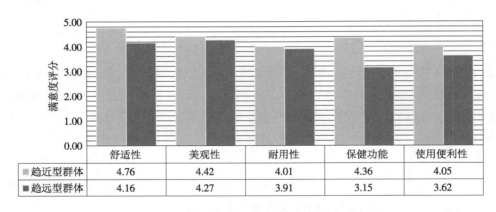

	舒适性	美观性	耐用性	保健功能	使用便利性
趋近型群体	4.76	4.42	4.01	4.36	4.05
趋远型群体	4.16	4.27	3.91	3.15	3.62

图 5-14　两类群体对杭州丝绸自然属性的满意度

　　服装舒适性包括生理舒适性与心理舒适性,具体到服用丝绸面料的自然属性,主要指生理舒适性,它反映为面料的吸湿性、放湿性、透气性、导热性、保暖性、刚柔性、抗静电性、亲肤性等。舒适性的满意度得分均在 4.0 以上,说明两类群体对杭州丝绸服用面料的舒适性持认可态度;但是,认知差异仍然较为明显,趋近型群体对杭州丝绸舒适性的满意度为4.76,趋远型群体对杭州丝绸舒适性的满意度为 4.16,前者比后者高出 14.4%,说明趋远型群体对杭州丝绸服用丝绸面料的舒适性评价存在提升空间。

　　美观性是五项属性中满意度差异较小的一项,趋近型群体对美观性的满意度为 4.42,

趋远型群体对美观性的满意度为 4.27,两者差异为 3.51％,且均高于 4.00,说明民众对杭州丝的绸美观性较为满意;同时,趋远型群体对杭州丝绸美观性的满意度在五项属性中为最高,说明民众对杭州丝绸产品的外观质量较为认可。值得注意的是,这项调查以丝绸面料的光泽、悬垂性、抗起毛起球性与抗皱性四项自然属性展开,未涉及面料的花型、图案、色彩、纹样等方面。

耐用性是五项自然属性中两类群体的满意度差异最小的一项,其中,趋近型群体对耐用性的满意度为 4.01,趋远型群体对耐用性的满意度为 3.91,差异较小(2.56％)。该调查结果反映出两个问题:一是,趋远型群体对杭州丝绸面料的耐用性评分不高,但是仍然处于较为满意的状态,说明能够客观认知丝绸面料的耐用性能;二是,根据民众对丝绸性能的重要排序,耐用性并不是民众关注的焦点。

保健功能是五项自然属性中两类群体的满意度差异最大的一项,其中,趋近型群体对保健功能的满意度为 4.36,趋远型群体对保健功能的满意度为 3.15,两者差异高达38.41％,且趋远型群体对保健功能的满意度在五项自然属性中为最低,这基本符合事实。由于蚕丝纤维的物理化学性能特殊,它对洗涤剂有特殊要求,洗涤不慎容易导致产品褪色或交叉染色,且洗涤之后晾晒方法不合适容易起皱,洗可穿性差,存放方式不当也容易引起虫蛀、霉变、泛黄等问题。

使用便利性是五项自然属性中两类群体的认知差异较大的一项,其中,趋近型群体对使用便利性的满意度为 4.05,趋远型群体对使用便利性的满意度为 3.62,两者差异达到11.88％,且趋远型群体对使用便利性的评价分值在五项自然属性中偏低,说明趋远型群体对丝绸面料使用便利性的认知不充分。实际上,蚕丝纤维的公定回潮率在 11％左右,贴身使用真丝织物有助于人体维持皮肤湿润;而且,蚕丝纤维中含有大量对人体有益的氨基酸,具有防御紫外线辐射、治疗皮肤瘙痒等使用便利性。

综上所述,对体现服用丝绸面料自然属性的舒适性、美观性、耐用性、保健功能和使用便利性五项属性满意度的调查结果显示:①从两类群体评价的一致性来看,两类群体都能够较为客观地认知的属性为舒适性、美观性、耐用性和使用便利性,而对于丝绸面料的保健功能认知不足;②从两类群体的认知差异来看,服用丝绸面料的保健功能、舒适性和使用便利性满意度差异超过 10％。

5.3.3.2　社会属性

社会属性是指商品具有价值,丝绸产品的社会属性源自其带来的社会作用。笔者在质性分析阶段通过访谈资料获取杭州丝绸产品的社会属性,主要有象征性能与适用性能两项内容。象征性能是基于杭州丝绸丰富的文化内涵和蚕丝织物特殊的艺术观赏性而来的,适用性能是基于杭州丝绸广泛的功能用途和适用场合而来的。

结合访谈资料,人们对杭州丝绸产品的象征性能的认知较为一致,评价较高,认知差异主要体现在适用性上,具体表现为,趋远型群体对杭州丝绸产品的适用性认知不足,不了解杭州丝绸产品广泛的适用季节、适用场合和适用人群。从访谈资料中丝绸服装服饰类产品应用季节的编码数量来看,丝绸服装服饰类产品适合夏季应用的人群占比 100%,而春、秋、冬三季的人群占比分别为 62.8%、58.5% 和 18.6%,如图 5-15 所示。

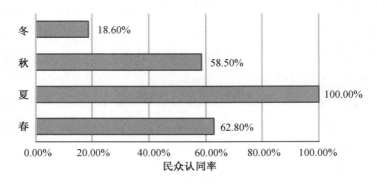

图 5-15　民众对丝绸服装服饰类产品适用季节的认知

数据说明,民众认识到丝绸服装类产品的使用季节跨度很大,但是,主要分布在夏、春、秋三季。蚕丝织物的吸湿排汗性能良好,能够通过吸收汗液帮助人体散热,是非常理想的夏季衣料;在四大天然纤维中,蚕丝织物因其优良的透气性与散湿性,拥有"润而不湿,干而不燥"的优良服用卫生性能[158],适用于比较干燥的秋季、春季。因此,这项认知基本准确,但是对于冬季适用性的认知不充分。

通过访谈资料了解到,"丝绸"的一贯形象给人们的直观感觉是轻薄、飘逸、凉爽,冬季穿着是不合时宜的,因此,只有 18.6% 的受访者认为丝绸服装可以在冬季穿着。但是事实上,蚕丝纤维的孔隙率高达 70%[159],其导热系数在天然纤维中为最小,因此,在寒冷的季节,丝绸服装具有防止人体热量向外散失的作用,保暖性能良好。目前,杭州丝绸服装品类较为丰富,冬季用的有丝绵袄(裤)、真丝拉绒睡衣、真丝棉毛衫(裤)等,民众对这类产品的了解程度远远不足。

综上所述,人们对杭州丝绸产品社会属性的认知不足,主要体现为对丝绸产品适用性能的认知不足,其原因在于民众对"丝绸"的理解存在一定的刻板印象,先入为主的"轻薄、飘逸、凉爽"概念,限制了民众对杭州丝绸产品适用性能的认知。

5.3.4　价格

从图 5-7 来看,趋远型群体与趋近型群体在表示价格认知内容的测量指标"性价比"的评价上存在明显差异。根据杭州丝绸认知评价体系,人们对价格的认知包括价格公正、价位合理和保价能力三项内容,其中,认知评价差异最为明显的内容是"价格公正"。

"产品从外观上看不出明显差异,但是,价格参差不齐,甚至相差很大"——如果选择高价产品,担心花费冤枉钱;如果选择低价产品,担心买到假丝绸。甚至,有受访者用"丝绸市场的水很深"来形容丝绸产品品质难以鉴别、价格难以衡量的现象,严重影响了杭州丝绸整体评价倾向。这些内容反映了民众对杭州丝绸产品价格公正的心理诉求。

显然,外观看似一致的丝绸产品,其材质、成本、性能可能存在很大差异;而且,不同企业、品牌、店铺的丝绸产品的定价策略也不一样,市场上的同类产品实现统一定价不现实。行业企业在诚信经营、按照规定做好标识标签之外,应引导民众对产品价格做出比较公正的判断。

可见,存在差评、规避杭州丝绸行为的趋远型群体比趋近型群体会更多谈及"市场价格参差不齐"的话题。这从一定程度上反映了价格公正认知可能是导致民众产生趋近或趋远杭州丝绸行为的具体因素。

优质蚕茧原料的稀缺性、高价值性和非替代性,决定了真丝绸产品"生来高贵",因此,在工业化养蚕方式实现之前,真丝绸行业追求高产量是不现实的。很多企业家出于对蚕丝纤维的珍惜与热爱,致力于将其打造成为高端优质的产品,这些都是丝绸产品相对于同类纺织品价格较高的原因。

根据杭州丝绸认知评价作用机理,产品表现是影响杭州丝绸整体评价的重要因子,同时,它直接影响民众对杭州丝绸产生趋近或趋远的行为意愿。从趋近型群体与趋远型群体对杭州丝绸产品表现各项指标的满意度来看,保健功能、色牢度、价格公正、保形性、设计感、舒适性和使用便利性等的差异较同类指标明显,提升这些指标的满意度有助于提升杭州丝绸的整体评价。

结合访谈资料,改善杭州丝绸产品表现,要紧密结合蚕丝纤维的自然属性与当下的热点理念,优先从蚕丝织物的保健功能、洗可穿性能等寻找突破口,将"健康+时尚""运动元素"等概念融入丝绸产品设计等。

5.4 服务表现

服务表现属于主观范畴上的概念,取决于民众对"服务质量的期望"和"实际感知的服务水平"之间的对比。如果感知服务水平高于其期望服务质量,那么,民众获得较多的心理满足感,相应地就会给予服务质量较高的评价;反之,则会给予服务质量较低的评价。

服务表现认知评价在问卷中由"购买杭州丝绸非常便利""杭州丝绸销售人员能够顾及顾客的特殊需求""杭州丝绸销售人员的服务态度良好""杭州丝绸能够为产品和服务提供售后保障""杭州丝绸销售人员的专业能力良好"五个题项构成,分别对应便利性、周到性、服务态度、保障性和专业性五个评价指标。趋近型群体与趋远型群体对杭州丝绸服务表现的认知评价如图5-16所示。

根据统计结果可以得到:趋近型群体对服务表现的认知评价高于趋远型群体,两类群体对于"便利性""服务态度""专业性"的认知差异较小,对于"保障性"和"周到性"两项指标的差异相对明显,分别达到24.48%和17.96%。

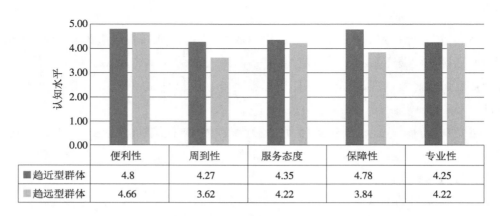

图 5-16　两类群体对杭州丝绸服务表现的认知评价

5.4.1　周到性

结合访谈结果,杭州丝绸服务周到性不足具体表现在以下三方面:

5.4.1.1　同步线上线下营销活动

一是,兼有线上与线下销售渠道,借此延伸服务的范畴——提供更便利的销售渠道。丝绸产品由于原材料的特殊性,网络信任度低于普通纺织品,消费者更倾向于"眼见为实"。法国迪阿玛特研究公司总裁塞德里克·杜克洛克的观点也印证了这一点,他认为网上商品的可卖性最主要的是,取决于风险条件——商品的客观属性越明确越好卖[160]。因此,丝绸适合从"线下"走到"线上"营销方式,即将建立了信任感的实体品牌逐步迁移到"线上"。

二是,同步线上与线下优惠活动,尤其是同件商品的价格要保持一致。受访者对"同一件商品的线上价格,往往比线下更优惠"的认知,是导致民众质疑产品品质、价格公正性的原因之一。对此,杭州丝绸可以通过线上线下定价一致,或者选择不同产品在线上线下形成互补商品。因此,杭州丝绸应当充分发挥线下实体品牌、"物联网＋"的基础优势,以信息化为支撑,将企业品牌从线下整合到线上,满足"线下体验,线上消费"的服务需求。

5.4.1.2　提供产品搭配与养护说明

在如今快节奏的生活方式下,越来越多的消费者倾向于在选购产品时一站式搭配好"全套装备";而且,导购人员的专业性能够帮助消费者节约之后服饰搭配的时间。同时,丝绸面料的光泽和质感不同于棉、麻等纺织品,其产品配伍具有一定要求,专业人员的指导能够降低出错的概率。"如果我对一个品牌有认同感,我希望各种场合需要的服装或配饰都能够在这一家配齐;如果它做不到,至少应有合作品牌提供给我"。此外,民众在访谈时提及,"在店里时,导购示范了很多种丝巾系法""导购提醒过,需要专用洗涤剂,衣服最好夜里风干,不能直接晾晒""可惜我记不住"。因此,从民众认知的角度提出,为中高端丝绸产品配备专门的使用说明,这成为服务周到性的一个具体体现。

5.4.1.3 建立消费者虚拟社区

消费者虚拟社区拓宽了服务的范畴,将传统意义的售后服务进一步延伸,需要持续关注和解答消费者在杭州丝绸产品使用过程中遇到的疑问;同时,也将传统意义的售前服务向前推进,需要提前进入服务阶段,以便于争取潜在的消费者。

消费者虚拟社区能够让兴趣相投的消费者,特别是消费群体较小、服装形制特殊的群体汇聚在一起,拥有分享、交流与互动的空间。"我是偶然间被朋友拉进这个圈子的,然后,就像发现了新大陆一样,这么多喜欢丝绸产品的姐妹分享产品和使用体验,感觉比卖家介绍的更生动立体;当然了,在某种程度上说大家都是消费者,反馈的产品信息更贴合我们需要知道的"。但是,消费者虚拟社区对于杭州丝绸行业企业来说,是一把双刃剑——口碑做好了,可以带来源源不断的客流和利润;同时,负面消息会通过社交媒体迅速扩散,给品牌声誉带来不可估量的损失。

5.4.2 保障性

"一言为重百金轻",根据访谈结果,可以从明确售后保障内容、产品信息真实有效等方面提升服务保障性,以弥补认知盲点,提高民众对杭州丝绸的整体评价。

5.4.2.1 产品信息真实有效

民众提到的杭州丝绸产品信息主要包括产品的标签信息、店铺的宣传信息和导购人员的讲解信息等。其中,产品的标签信息主要指成分唛的内容真实完整,民众可以通过标签了解产品材质的成分与含量;店铺的宣传信息主要指广告或者促销的内容;导购人员的讲解信息主要指服务员针对具体产品或店铺活动提供的补充信息。"产品信息真实有效"这一内容的提出,是源于实际生活中民众遭遇过的活动虚假宣传或者夸大产品蚕丝含量等问题。

5.4.2.2 明确售后保障内容

售后是对产品销售的最后一道保障。杭州丝绸售后保障主要指购买杭州丝绸产品的退换货保障和及时处理消费者投诉。实际上,在开放式访谈阶段,民众虽然提及售后保障,但是频次(15人次)很低,从一定程度反映了售后保障内容不是民众的关注热点。原因是民众在购买使用杭州丝绸之后,很少进入售后服务的阶段。但是,对于尚未建立信任感的初次消费者,他们需要知道被保障的事项;而且,从售后服务来看,每家门店、品牌都有完善的售后保障。如今需要完善的就是,能够将售后保障内容明确告知消费者。

杭州丝绸认知评价作用机理显示,服务表现认知影响杭州丝绸整体评价,且直接影响民众对杭州丝绸产生趋近或趋远的行为意愿。结合质化研究阶段的访谈资料,后期可以从同步线上线下销售、满足顾客合理诉求、提供产品使用说明与配饰等方面着手,提高服务周到性;从确保产品信息真实有效、明确售后保障内容、减少店铺与民众之间的信息不对称等方面提升服务保障性,以提升民众对杭州丝绸的整体评价。

5.5　品牌表现

杭州丝绸享誉世界,但是,"能够代表杭州丝绸的品牌寥寥无几"[161],一句话道破了杭州丝绸品牌建设的现状。

品牌表现认知评价在问卷中由"杭州丝绸的品牌定位比较合理""杭州丝绸拥有知名的企业品牌""杭州丝绸多样化的品牌能够满足不同消费者""杭州丝绸的品牌图标易识别"四个题项构成。趋近型群体与趋远型群体对品牌表现的认知评价如图 5-17 所示。

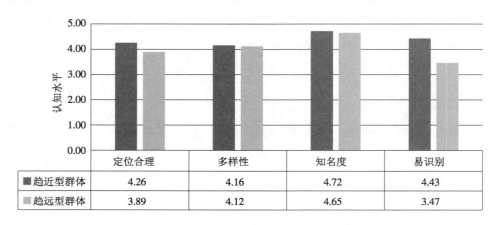

	定位合理	多样性	知名度	易识别
■ 趋近型群体	4.26	4.16	4.72	4.43
趋远型群体	3.89	4.12	4.65	3.47

图 5-17　两类群体对杭州丝绸品牌表现的认知评价

统计结果显示,两类群体对杭州丝绸品牌表现的整体评分较高,这是由于杭州丝绸在品牌建设中积极采用了分衡治理、错位发展的多元化品牌思路,实现了"精品"与"大众"互为依托、"时尚性"与"民族性"相互融合、"高端品牌"与"平价品牌"双支撑,优化配置了不同层次的企业品牌,满足了市场的多样化需求;趋近型群体对杭州丝绸品牌表现的评价高于趋远型群体,两类群体对品牌表现的测量指标"定位合理""多样性""知名度"的认知差异较小,对"易识别"的认知差异比较明显,差异为 27.67%。因此,下文将从杭州丝绸知名企业品牌商标的识别和丝绸知名标志的识别展开分析。

5.5.1　企业品牌商标的识别

企业品牌指企业在组织层次上设计的企业名称、标识等品牌元素,以及在众多利益相关人中建立起来的联想与认知,如作为"国礼"的都锦生丝绸、万事利丝绸和达利丝绸等。笔者从访谈资料中获悉,趋近型群体能够提及 1 个以上杭州丝绸企业品牌,而趋远型群体的这一数值接近于 0,无法得出两类群体对杭州丝绸企业品牌"易识别性"的相关认知。

以民众提及频次较高的 10 个杭州丝绸企业品牌为例,请被调查者从中挑选属于杭州丝绸的企业品牌,结果如图 5-18 所示:民众对万事利和都锦生两个丝绸品牌商标的辨别度相对较高,分别为 35.1％和 30.2％;达利、喜得宝、金富春、凯喜雅和天堂故事的辨别度分别达到 15.0％、17.6％、12.5％、11.7％和 11.2％;烟霞、美标和绮臣的辨别度为 6.3％、8.9％、5.5％;10.4％的被调查者表示不认识以上品牌。

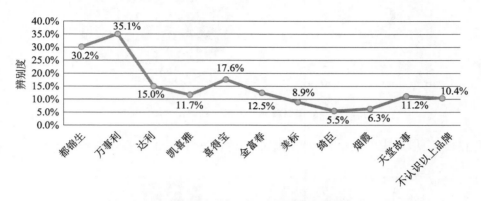

图 5-18   民众对杭州丝绸企业品牌商标的辨别情况

易识别代表杭州丝绸相关品牌的特征、商标等信息的可辨别度高,趋远型群体在这项指标上的评价明显低于趋近型群体,均值仅 3.27;而且,趋远型群体对"知名度"和"易识别"两个指标的认知差异较大;在杭州丝绸认知评价影响因素中,"知名度"和图标"易识别"两个指标都对应认知内容中的"知名品牌",说明趋远型群体"知道"杭州丝绸的知名企业品牌,但是不能够"辨别"。

5.5.2   高档丝绸标志与杭州丝绸国家地理标志的识别

2004 年,中国丝绸行业协会推出高档丝绸标志,2011 年杭州丝绸荣获国家地理标志,这两个标志都作为标识丝绸产品质量的保障。高档丝绸标志采用"一品一签一号"方式,方便消费者追踪产品的源头[162]。

在高档丝绸标志授权企业名录中,杭州有 6 家企业多年在册:凯喜雅国际股份有限公司(品牌为凯喜雅 CATHAYA)、万事利集团有限公司(品牌为万事利)、金富春集团有限公司(品牌为金富春)、浙江美嘉标服饰有限公司(品牌为美标)、杭州红绳科技产业有限公司(品牌为红绳)、杭州喜得宝集团有限公司(品牌为喜得宝)。国家地理标志是一种质量标志,曾经授权使用的企业有达利(中国)有限公司、万事利集团有限公司、金富春集团有限公司等,但是,该标志在市场上的推广普及力度不足,鲜有企业使用,受保护产品也难以辨别。两种标志如图 5-19 所示。

笔者调查了民众对高档丝绸标志和杭州丝绸国家地理标志的识别情况,结果显示,两个标志的知晓度都非常低。对于高档丝绸标志,有 38.5％的被调查者表示知道,31.4％的被调查者表示不清楚,30.1％的被调查者表示不知道;对于杭州丝绸国家地理标志,仅有 6.8％的被调查者表示知道,64.2％的被调查者表示不知道,29.0％的被调查者表示不清楚(图

图 5-19　高档丝绸标志与杭州丝绸国家地理标志

5-20)。由此可见,对于标识丝绸产品质量的两种标志,民众的知晓度并不乐观。

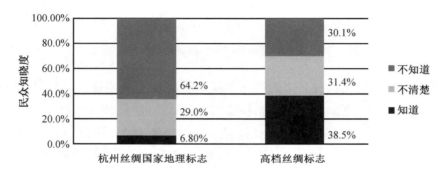

图 5-20　民众对杭州丝绸国家地理标志及高档丝绸标志的知晓度

　　一方面,消费者认为丝绸产品高低档难分、真假货难辨,对丝绸产品的相关知识表现出一定的需求;另一方面,中国丝绸行业、杭州丝绸行业为保护丝绸产品品质、维护消费者利益,在企业管理、品牌保护方面,采用多种方式方法认证真丝类产品的质量等级。例如,推行高档丝绸标志,申请国家地理标志产品保护,实行中国丝绸总公司制定的统一品号,推送真丝鉴别科普文章等。但是,从实际收效来看,架通丝绸行业与消费者之间的桥梁没有搭建完好——丝绸行业的宣传推广力度仍然不足,民的丝绸产品知识依旧匮乏。

　　杭州丝绸作为原产地品牌,具有公共属性,它与企业品牌之间的关系是集体与个体的关系。本书中民众对杭州丝绸品牌表现的高度评价,明显源于行业内的万事利、都锦生、达利、凯喜雅等知名企业品牌,可见杭州丝绸品牌表现以优秀的企业品牌作为支撑。

　　根据杭州丝绸认知评价作用机理,品牌表现影响杭州丝绸整体评价,并且直接影响民众产生趋近或趋远的行为意愿。

　　因此,领军企业品牌的知名度是影响杭州丝绸整体评价的重要因素,着力培育与推介行业内部的强势企业品牌,是提升杭州丝绸整体评价的有效途径。提高杭州丝绸品牌表现评分,首先要确立杭州丝绸高端品牌的地位,然后在行业内形成以高端丝绸品牌为引领、中端丝绸品牌为支撑的品牌架构,以杭州丝绸行业协会为主体,提升杭州丝绸原产地声誉,重拾国家地理标志的牌子。

5.6　社会责任

通过扎根理论-质性分析发现,民众对杭州丝绸的认知评价已经不局限于产品表现、品牌表现和服务表现等与自身利益相关的物质层面,而是上升到了杭州丝绸行业企业社会责任感、传承传统文化等精神层面。通过马斯洛人类需求层级理论分析,民众对社会责任、文化内涵的关注,是其内心追求自我实现的现实折射,是对杭州丝绸精神价值观念的认可。

法国营销研究机构贝尔纳认为,企业在超越产品使用质量、关注产品"上游"质量(生产环境)和"下游"质量(回收方式)的意识正在加强[160]。履行社会责任是杭州丝绸行业企业应尽的义务。社会责任认知评价在问卷中由"杭州丝绸企业重视维护消费者责任""杭州丝绸企业重视环境保护""杭州丝绸在传承发展丝绸文化方面有重要贡献"三个题项构成,趋近型群体与趋远型群体对社会责任的认知评价如图 5-21 所示。

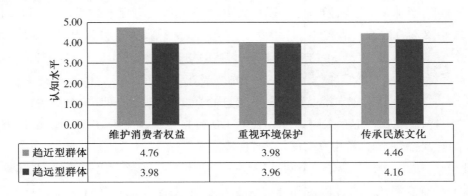

图 5-21　两类群体对杭州丝绸社会责任感的认知评价

由统计结果可以得到:趋近型群体对杭州丝绸行业企业社会责任的评价高于趋远型群体,其中,两类群体对"维护消费者权益"的评价差异比较明显(19.60%),而对于"传承民族文化"和"重视环境保护"的评价较为接近。杭州丝绸认知评价作用机理显示,社会责任认知影响民众对杭州丝绸的情感倾向,并通过情感倾向间接作用于行为意愿。因此,可以推断维护消费者权益认知差异是影响民众对杭州丝绸产生趋近或趋远的行为意愿的重要因素。

5.6.1　维护消费者权益

2012 年 12 月 23 日,央视《焦点访谈》栏目播放《蚕丝被里藏秘密》:很多蚕丝被,网店宣称的"100%桑蚕丝",其蚕丝含量不足 50%,甚至仅仅在被子的拉链口含少量蚕丝。之后,人们将网店销售的廉价蚕丝被打上了"掺假使杂"的标签,同时将质疑心理影射到实体店,使原本就"真假难辨"的丝绸更加扑朔迷离。

门店是杭州丝绸走向民众的桥梁,维护消费者权益的责任主要体现在店铺信誉方面。

民众对店铺提供产品及信息的要求是可靠性、真实性与信赖性,这可以从售后保障、成分唛标签信息、店铺及店员提供信息、产品价格是否公正稳定等内容观测,结果如图 5-22 所示。

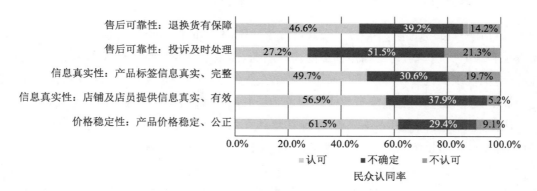

图 5-22　民众对杭州丝绸维护消费者权益的认知评价

从售后可靠性来看,调查数据略有分歧,其中:关于退换货有保障的调查,46.6% 的被调查者认可,14.2% 的被调查者反对,持中立态度者占 39.2%;关于投诉及时处理的调查,27.2% 的被调查者认可,21.3% 的被调查者反对,持中立态度者占 51.5%。从信息真实性来看,对于产品标签信息的真实、完整性,49.7% 的被调查者认可,19.7% 的被调查者反对,持中立态度者占 30.6%。对于店铺及店员提供信息的真实、有效性,56.9% 的被调查者认可,5.2% 的被调查者反对,持中立态度者占 37.9%。从价格稳定性来看,61.5% 的被调查者认可,9.1% 的被调查者反对,持中立态度者占 29.4%。

由此可见,这组调查数据有一个共性问题——持中立态度者占比非常高,尤其是对售后可靠性与信息真实性。通过回访部分被调查者发现,对于售后可靠性来说,由于受访者鲜有遇到退换货、投诉等事故,所以对此类问题的关注度低,也就不确定如果遭遇"信誉"事故,店铺能否妥善解决。其实,这从侧面反映了杭州丝绸产品质量良好。对于信息真实性来说,民众期望产品标签(包括成分唛)内容完整、真实,期望店铺及店员提供的信息与实际产品一致、有效,但是,民众既没有专业能力去判断其真实性,也不太可能送专业机构做鉴定,所以这部分信息对民众来讲是一个盲区。

上述问题的发生,在很大程度上是由于信息不对称及舆论负面信息的影响。部分报道、舆论不实,造成民众认知偏差。可以通过强化售后服务,让顾客无忧消费,提高民众对杭州丝绸的感知可靠性;也可以给民众普及丝绸特征、鉴别方法、面料品号等相关知识,减少店铺与民众双方信息不对称,提高民众对杭州丝绸整体评价。

5.6.2　传承与发展民族文化

如图 5-21 所示,统计结果显示,两类群体对传承民族文化的认知评价都高于 4.0,趋近型群体略高于趋远型群体,说明民众认可杭州丝绸在传承与发展民族文化方面的社会贡献。

丝绸产品的特殊之处在于它与生俱来的文化属性。西汉时期,丝绸作为货真价实的"文化使者",将东方文明和丝绸文化随着丝绸产品,经由"丝绸之路"传播到西方。几千年来,生生不息,华夏文明和丝绸文化随着丝绸产品,经由历史长河输送到当今。就如同受访者提出的,"希望杭州丝绸能够继续履行'文化使者'的职责,将传统文化融入新产品开发,并赋予其新的时代内涵,以创新的方法,传承与发扬我们的民族服饰文化"。

杭州丝绸认知评价作用机制显示,文化吸引激发的情感倾向是驱使民众趋近杭州丝绸行为意愿产生的积极因素。根据访谈资料,趋近型群体对杭州丝绸文化的提及频次高于趋远型群体。

5.6.3　重视环境保护

如图 5-21 所示,趋近型群体与趋远型群体对重视环境保护的认知评价分别为 3.98 和 3.96,前者略高于后者,但差异甚微,说明该项指标不是导致趋近或趋远行为产生的重要因素;同时,两类群体的评价分数均低于 4,说明民众对于杭州丝绸行业企业在重视环境保护方面的社会贡献认可度较文化传承因素偏低。

结合访谈资料,设计师在分析消费者的购买动机时提出,人们越来越倾向于考虑产品的安全因素,包括产品自身安全与生产环境安全。多米尼克(2009)指出,"人类已经变成了垃圾魔鬼""每年'生产'120 亿吨废料""再生行业目前还没有力量把所有垃圾变废为宝""回收衣服,需要拆下与区分所有部分,费时费力、难比登天",同时,在纺织品上贴详细的分类标签和标注,是向纺织品再生与回收迈出的第一步。

丝绸行业企业可以在环境保护方面做的贡献:一是能够为消费者提供生态健康的真丝绸产品,采用天然纤维材料、绿色染料,提升产品自身的安全性能;二是能够为员工提供环保型生产环境,改进低碳经济的生产工艺,实现生态环保印染流程,减少水资源消耗和"三废"对环境造成的污染,推动丝绸产业的可持续性发展;三是宣传环保生活理念和正确的价值导向,蚕丝属于可降解的天然纤维,从源头到回收,都不会对环境造成负担和危害,遵循可持续的绿色发展理念。

综上分析,提高杭州丝绸行业企业社会责任感,主要从维护消费者权益,积极承担传承与发展中国传统丝绸文化的责任,以及推动低碳经济建设与开发生态环保纺织产品上着手。

5.7　文化内涵

杭州丝绸以深厚的历史文化底蕴在国内外有着独特的优势与价值。文化内涵认知在问卷中由"杭州丝绸有着多样化的文化载体""杭州丝绸具有丰富的文化寓意""杭州丝绸有着悠久的产业历史"三个题项构成。趋近型群体与趋远型群体对杭州丝绸文化内涵的认知评价如图 5-23 所示。

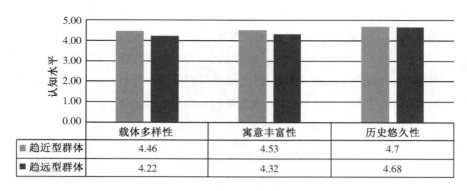

图 5-23　两类群体对杭州丝绸文化内涵的认知评价

文化是产品的灵魂,历史悠久、文化底蕴深厚的杭州丝绸更是如此。两类群体对于杭州丝绸文化内涵的评价结果趋于一致。笔者根据质性访谈数据分析杭州丝绸的文化载体、文化寓意和历史悠久性等认知内容。

5.7.1　文化载体

文化载体是人们了解杭州丝绸文化的桥梁。杭州丝绸文化丰富多样,在蚕桑丝织生产技艺、历史文化古迹、诗词歌赋文章等中,都能发现杭州丝绸的踪迹。趋近型群体和趋远型群体对杭州丝绸文化载体多样性的评分均值都高于 4,反映了人们对杭州丝绸文化多样性的认可态度。

根据主轴式编码,杭州丝绸的文化载体主要有现代记忆、织造技艺、主题活动、文物古迹和历史名人五项内容,它们共同向外传递了杭州丝绸产业的发展脉络、科学技术的革新改进、历史人物的精神品质等。

① 现代记忆在编码分析中表现出"对杭州丝绸历史文化的记忆功能",包括博物馆、名人故居和相关地名等。

② 织造技艺指从历史上传承下来的传统生产工艺,例如杭州织锦织造技艺、杭罗织造技艺、清水丝绵制作技艺和中式服装制作技艺等。

③ 主题活动是为了传承或发扬杭州丝绸文化,长期举办的传统民俗活动,以及现代推广活动,如丝绸博览会(西湖国际博览会)。

④ 文物古迹是杭州丝绸文物和建筑场所的统称,如描述南宋时期杭州的蚕桑、丝织生产技术的《蚕织图》(南宋·楼璹)、杭州绸业会馆(观成堂)、红门织造局。

⑤ 历史名人指在杭州丝绸产业历史上,对推动杭州丝绸生产和发展有巨大贡献的历史人物,如都锦生、林启、胡雪岩、丁丙等。

另外,杭州丝绸本身也是一种文化载体,承载了民族文化、杭州文化和传统文化等意义,可以通过杭州丝绸了解中华文明的博大精深。随着物质生活水平的普遍提高,人们对精神文化生活产生了更高的期待。结合访谈资料,可以通过研究与宣传具体的文化载体,实现对杭州丝绸的宣传。这不仅有助于激发人们对杭州丝绸的热爱,而且能够满足人们对精神文化的追求。

5.7.2 文化寓意

悠久的产业历史和丰富的文化寓意是积极影响杭州丝绸认知评价,以及提升杭州丝绸美誉度的重要原因。丝绸是纺织品中的"贵族",五千年左右的产业历史赋予了杭州丝绸深厚的文化积淀和美好的象征寓意。在质化研究中,提取到"品位""贵族的""中国元素"等46个有关杭州丝绸文化寓意的初始概念,根据这些概念所蕴含意义的相关性,聚类为"象征寓意"和"符号意义"两个初始范畴(表3-6)。

5.7.2.1 象征寓意

丝绸不仅承载着几千年的文化传统,也承载着美好的象征寓意。本书基于丝绸的性能特点、历史用途等,提取出"象征高档"和"女性特质"两个象征寓意。

(1) 社会象征意义,象征高档。由于蚕丝纤维产量少、丝织品娇贵而奢华,古代丝绸产品以供奉皇宫贵族等顶端需求为支撑,逐渐衍生出"身份地位""有面子""上档次"等一系列象征意义。这在古诗词中也有印证,如《蚕妇》中写的"遍身罗绮者,不是养蚕人"(宋·张俞),说明绫、罗、绸、缎是区分社会阶层的因素,代表着人的身份。

可见,"杭州丝绸"作为"高档"的象征,代表了品位修养、身份地位、生活品质、贵族的、有面子的、雍容华贵的。

(2) 展现个性意义,象征女性特质。认为杭州丝绸代表了古典韵味、柔软的、典雅的等特征,这与丝绸织物的内在性能息息相关,如优雅的特质、柔和的光泽。

美好的象征寓意是丝绸产品独特的优势与价值,非常适合用于礼品。其中,杭州丝绸的礼品属性受其文化性、艺术性及原产地地域特色支持。

古有"红袖织绫夸柿蒂,青旗沽酒趁梨花",今有"东方艺术之花"。杭州从宋代开始享有"丝绸之府"的美誉,杭州丝绸的织造技艺和艺术造诣颇高,这使其逐渐成为东西方文化传播与交流的重要载体,经常作为中国特色产品,在国家重要活动中馈赠国外嘉宾,传递中华文明。图5-24所示为G20峰会上的杭州丝绸礼品。

图 5-24　G20 峰会上的杭州丝绸礼品

人们对民族深厚的历史文化充满敬仰,丝绸制品内在的优良性能与承载的文化寓意,既满足了人们对产品使用功能的需求,也满足了内心追求自我实现的精神需求。

5.7.2.2 符号意义

符号意义是一个比较抽象的概念,它在本书中是指将杭州丝绸作为具体的载体,认知主体通过思维和情感赋予它的意义。

(1)杭州符号。杭州丝绸代表了杭州特色和杭州文化,中国符号则是由中国丝绸的内涵延伸而来的。结合访谈资料,人们普遍认为"'杭州丝绸'是一绝,代表着当地特色""杭州的特色就是丝绸、茶叶"。

五千年左右的蚕桑丝织产业历史,见证了杭州城市的形成与发展。伴随着杭州的繁荣和历经的苦难,丝绸文化已经融入杭州城市的发展血脉,成为其城市体系中的一部分。因此,杭州城市被誉为"丝绸之府",杭州丝绸被奉为杭州城市的金名片,杭州丝绸文化与杭州城市的精神特质相得益彰。

(2)民族符号、传统文化、中国文化。杭州丝绸作为中国丝绸的缩影,代表了民族特色、传统文化。丝绸文化作为中华民族文化中独具特色的一个部分,在不同的历史时期,对我国的政治、经济、生产、生活等产生了不同程度的影响。如今,"一带一路""中国制造2025""三大战略""四个全面"等重大发展规划中,都有丝绸的身影,丝绸是民族复兴的重要元素。

中国是世界丝绸的发源地,两千年前的"丝绸之路"将我国的丝绸送往世界各地时,"丝绸"已经开始逐渐演变成为华夏民族的文化符号,传播到中亚、西亚、欧洲等地,并被赋予中华民族、中国文化、中国国粹、中国元素、中国制造、民族骄傲、民族文化和传统文化等丰富的符号学意义。

5.7.3 历史属性

在四千七百年前的良渚文化时期,杭州先民已经开始从事蚕桑丝织业的生产实践活动。趋近型群体与趋远型群体对于"杭州丝绸产业历史悠久"的评价呈现出高度统一;同时,在访谈资料中,关于杭州丝绸产业历史起源的具体时期,民众提及频次较少,说明民众知道杭州丝绸拥有悠久的产业历史,但是,对其具体的起源时期、发展历程的了解并不清晰。

提升文化内涵的认知评价,既要强调杭州丝绸产业历史的悠久性,也要突出民族传统文化、杭州原产地文化,同时要加强杭州丝绸文化载体的宣传。

6 提升杭州丝绸整体评价的建议

在"互联网＋"高速发展的信息化社会,发达的虚拟社区、自媒体等社交平台缩短了人与人之间的沟通距离,为破解信息不对称导致的认知矛盾提供了便捷的交流渠道。多样化的信息分享渠道使民众能够在有限的时空里完成对杭州丝绸的立体认知,便捷的沟通交流使民众认知趋于大同。对杭州丝绸认知评价的探索与研究,既有客观需求的现实切入性,又有主观追寻传统文化的民族传承性。

本章根据群体差异下的杭州丝绸认知评价结果,结合调研访谈资料,从产品知识普及、关联信息畅通、产品开发改进、服务提升、品牌建设、社会责任感培育和文化内涵引领七个方面,为提升杭州丝绸整体评价,以及促进杭州丝绸产业进一步发展,提出一些建议(图 6-1)。

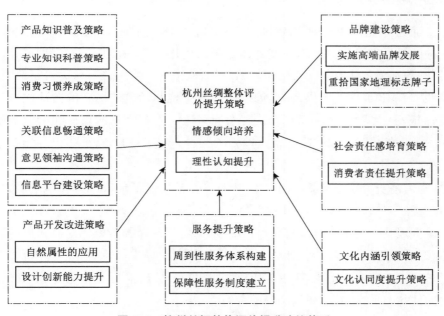

图 6-1　杭州丝绸整体评价提升建议体系

6.1　产品知识普及策略

6.1.1　专业知识科普策略

根据比较分析的研究结果,趋远型群体对于服用丝绸面料各项性能及测量指标的认知

127

水平明显低于趋近型群体,特别是蚕丝织物优良的热湿舒适性还没有被充分地认知,甚至保健功能处于"深藏闺中无人知"的现状。文献研究证实,丝绸面料良好的热湿舒适性有助于人体更好地适应温差,能够满足人体对温度调节的需求。结合访谈结果,民众对于丝绸面料的保健功能"知其有,而不确定其真",特别是女性群体对于丝绸面料的皮肤养护功能表现出"浓厚的兴趣""明显的质疑",希望丝绸制品的保健功能具有科学数据的支撑、检验部门的认定与官方媒体的认可。此外,两类群体对杭州丝绸蚕丝含量的期望值很高,高预期与实际的落差可能影响人们对杭州丝绸质量的客观评价。

根据杭州丝绸认知评价作用机制,有针对性地普及蚕丝纤维及其织物的专业知识,能够有效提升民众对杭州丝绸的情感倾向,并间接促进趋近型行为意愿的产生。鉴于此,高校及科研机构应加强丝绸面料热湿舒适性与保健功能的研究与试验,加强蚕丝织物与其他织物的性能比较研究,以充分揭示蚕丝纤维的内在性能与规律,获得对比试验数据的支撑;行业协会及政府相关部门在宣传和推介杭州丝绸时,需要特别重视蚕丝织物的热湿舒适性与保健功能,以及蚕丝含量、耐用性能和丝绸制品养护方法等知识的普及。

6.1.2　使用习惯养成策略

根据实证分析结果,在体现产品知识水平的五项测量指标中,"购买使用经验"对产品知识变量的解释力最大,而且,趋远型群体的购买使用经验明显低于趋近型群体。结合访谈资料可知,趋远型群体倾向于将杭州丝绸当作"镜中月""水中花",认为价格昂贵,不易打理,是"有钱""有闲"群体的专供;而趋近型群体对于杭州丝绸的情感倾向往往产生于使用体验之后,深陷于丝绸服装服饰的"亲肤""滑爽",以及丝绸制品的象征性价值带给自己的身份认同感。另外,访谈资料显示,杭州丝绸产品购买使用经验,有助于消除消费者的感知风险。

但是,国内消费者缺乏丝绸使用习惯,人均丝绸消费量不足15克/年。根据方差分析结果,应重点关注年龄"35岁以下"、月收入"3500元以下"及"本科"学历的群体。由于蚕茧原材料的产量有限及工艺生产成本较高等客观原因,丝绸产品的价格相对高昂,导致年轻、低收入群体对丝绸产品望而却步。针对这部分群体的消费需求,丝绸行业企业可以有针对性地开发丝巾、枕巾、眼罩、口罩、背心、内衣等贴身用小件产品,通过使用体验引导他们对丝绸产品的向往与追求,培养杭州丝绸爱好者的潜在群体。

6.2　关联信息畅通策略

6.2.1　意见领袖沟通策略

根据比较分析的研究结果,趋近型群体对于"信息渠道便捷性"测量指标的评分均值为4.47,明显高于趋远型群体(2.98);同时,关于杭州丝绸关联信息传播途径的调查结果显示,在网络沟通非常便捷的信息化时代,民众获取杭州丝绸关联信息的渠道主要是自媒体和人的口碑传播。

因此,可以借助政府官员、丝绸专家、网络意见领袖或者自媒体公众号等为杭州丝绸发言。前提是这些传播媒介或"代言人"能够真正沟通于杭州丝绸行业企业和普通消费者之间,包括沟通的时效性与有效性,做到民众意见的及时、准确反馈,使趋远型群体获得便捷、有效的信息。

6.2.2　信息平台建设策略

根据比较分析结果,趋近型群体对于"媒体报道多数为正向的"的评分均值为 4.42,明显高于趋远型群体(3.26);同时,两类群体对于"杭州丝绸能够及时妥善处理负面信息"的评分均值低于 4.00。这反映出民众对于杭州丝绸关联信息的评价,比较容易受到媒体导向的影响。这种结果的产生,一方面源于媒体的公信力,另一方面源于受访者产品知识水平不足而依赖于外界信息。

因此,杭州丝绸行业企业在接受公众媒体的监督之外,需要建立公共信息平台,承担行业监管与宣传推介的功能。行业监管功能是指监督、管理和引导杭州丝绸企业品牌、市场、店铺等形成健康、有序的良性竞争,当行业内部出现产品品质、店铺信誉等民众关注的问题时,能够及时向社会揭露,动态报告问题品牌(店铺),在行业与民众之间建立信任机制,解决信息不对称对整个行业带来的负面影响问题。同时,对于影响杭州丝绸行业声誉的相关信息,能够有针对性地给予干预。宣传推介功能是指承担起宣传推介杭州丝绸企业品牌与产品的责任,承担起推广普及丝绸产品知识、丝绸消费观念的责任。建议推出"杭州丝绸企业品牌信誉榜",以不同风格的企业品牌为类目,分类推介各梯度的企业品牌及详细情况,并且设置进入与退出机制,使之动态发展。

将民众对媒体报道的依赖性,逐渐引向杭州丝绸行业的官方信息平台。

6.3　产品开发改进策略

6.3.1　自然属性的应用开发

从原材料的自然属性来看,蚕丝纤维的优缺点共存,而且特征鲜明,这导致丝绸面料既具备卓越的热湿舒适性、美观性和保健功能,也存在让消费者望而却步的耐用性和使用便利性方面的不足。真丝面料自然属性的重要程度调查显示,舒适性、美观性和使用便利性的受重视程度优先于保健功能和耐用性。

(1)保健功能开发与宣传。真丝面料对人体皮肤的保健功效,以蚕丝蛋白纤维的天然属性、特殊的物理化学结构为基础,主要表现在防御紫外线辐射、抗菌抑菌和滋润护肤等方面。访谈资料显示,保健功效是民众的认知盲点,关于服用真丝面料保健功能的认知调查数据也印证了这一点；特别是对于防螨抑菌抗过敏功能和滋润护肤功能的满意度，趋远型群体(3.8)明显低于趋近型群体(4.3)。因此，杭州丝绸新产品应从蚕丝纤维绿色有机、生态健康的基础优势着手，采用宣传与开发同步推进的方式，设计研发保健功能型丝绸产品，引导"绿色时尚观"。

（2）使用便利性满足策略。访谈结果显示，快节奏的生活方式决定了使用便利性在现代消费观念中具有非常重要的地位。在实际生活中，如果不能改善丝绸的洗可穿性、易保养性，使其更加符合现代生活节奏，丝绸服装服饰产品就难以得到年轻群体的认可。因此，行业企业应调整生产工艺，改进印染与后整理技术，提升丝绸面料的抗皱性、保形性和色牢度等属性，消灭行为意愿的外在障碍，促进丝绸产品使用观念的养成。

6.3.2　设计创新能力提升

关于杭州丝绸产品表现的调研结果显示，设计创新能力是负向影响认知评价结果的指标之一，民众对杭州丝绸产品的设计创新能力具有比较高的心理期待，特别是丝绸服装服饰产品的设计感、时尚感与创新性等方面都存在很大的提升空间。根据调研访谈结果，建议如下：

（1）实用主义时尚理念的缔造。结合访谈资料，民众对杭州丝绸的时尚感和创新性满意度低，是影响杭州丝绸设计创新能力社会评价的重要因素。丝绸服装产业在快时尚之路上举步维艰，是由蚕茧原材料的稀缺性决定的。然而，真丝绸是时尚界不可或缺的高级面料，它的本质优势是舒适性与保健性。因此，可以借此创造新的时尚价值，推出更本真的、实用的时尚理念。市场需求是产品创新的外源动力，在健康中国的背景下，绿色、健康的生活方式将在未来得到更广泛的普及，而真丝绸天然材质、生态纤维的自然属性使其兼具服用性能和保健功能，是开发健康、生态、实用型服装产品的基础优势。

（2）培养专业的丝绸品类设计师。蚕丝纤维及其织物的性能、质感和文化底蕴是丝绸产品设计的重要元素。但是，在访谈过程中发现，很多设计人员转型自一般的服装设计师，对丝绸知识一知半解，不利于丝绸产品独特优势的应用设计。因此，需要培养专门的丝绸产品设计师，充分了解丝绸，包括产品种类、性能、用途、用法、传统纹样及其文化寓意，还要了解消费者对丝绸产品结构、色彩、风格、图案、功能、花型、织纹、质地、工艺的追求与期待。

（3）传统元素的运用。杭州丝绸产品比较注重传统元素与东方美学的设计运用，在内涵上也追寻丝绸文化体现的身份感与象征性。但是，从调研结果来看，丝绸文化底蕴的表现手法更多的是作为外在标签停留在丝绸产品表面，而非从本质上融入产品设计。同时，对于丝绸服装服饰产品而言，传统特色与国际流行的融合不足，导致设计趋向两个极端——要么过度强调民族性，以传统文化掩盖设计不足；要么忽视丝绸特色，仅以纺织面料应用于产品设计。

丝绸具有独特的文化属性，产品设计不仅要满足物质上的使用功能，还要满足精神上的心理需求，特别是丝绸礼品与工艺品。丝绸产品设计应以面料的研发创新为中心，结合高新技术、传统文化开发高附加值的丝绸面料,以此带动丝绸服装服饰产品、丝绸家纺产品的创新;同时,加强新产品与新功能的宣传与推广,缓解信息不对称带来的信息失真,让民众更加了解杭州丝绸。

6.4 服务提升策略

服务表现是影响杭州丝绸整体评价的重要因素。对于杭州丝绸服务表现的满意度调查结果显示,服务周到性与保障性亟需提升。结合访谈过程中民众提到的相关问题,笔者认为,杭州丝绸作为具有良好社会声誉的公共产品,应由行业协会或者政府牵头,组织企业签订行业公约,共同建立周到性服务体系与保障性服务制度。

6.4.1 周到性服务体系构建

根据实证分析结果,趋远型群体对杭州丝绸服务周到性的满意度明显低于趋近型群体;结合访谈资料,服务周到性不够完善,具体表现为没有满足民众对于"同步线上线下营销活动""提供产品搭配与养护说明""建立消费者虚拟社区""提供讲解服务""提供个性化定制服务""一站式配齐服装""邮寄产品"等诉求。鉴于杭州丝绸的公共属性,应在梳理与归纳民众具体需求的基础上,联合筹建杭州丝绸产品服务体系,引导行业内部的企业共同维护集体声誉,提升行业管理效能,提高民众购买、分享、推荐杭州丝绸的行为意愿。

6.4.2 保障性服务制度建立

民众对保障性的质疑,具体表现为对杭州丝绸的"产品信息真实性""售后保障可靠性"的不确定,并希望能够明确售后服务范围。杭州丝绸以生产、销售真丝绸为根本,但是,民众的知识结构不足以支撑其鉴别丝绸产品的材质成分,将杭州丝绸区别于一般意义上的丝绸,更依赖于产品标签(成分唛)信息、销售人员提供信息的准确性。

对此,根据民众访谈过程中提到的相关建议,杭州丝绸行业企业要明示产品的蚕丝含量,参照网络销售平台的"基础保障条例",如制作"保障性服务制度"卡片,并使其同步,甚至超前于杭州丝绸产品送达消费者。根据民众关注的问题,"保障性服务制度"需要明确售后保障内容,例如是否"七天无理由退换"、使用之后发现质量问题时的解决方案、消费者投诉渠道等。

6.5 品牌建设策略

6.5.1 实施高端品牌提升策略

根据实证分析结果,"知名品牌"对品牌表现变量的解释力最大,品牌"易识别"是负向影响趋远型群体认知评价的重要指标。访谈结果显示，万事利、都锦生、凯喜雅等高端企业品牌是杭州丝绸的形象代表，而且杭州丝绸拥有一批品质优良、声名远扬的知名企业品牌，具备建设高端丝绸品牌的成熟环境。

参考万事利丝绸的品牌化战略，同时结合访谈资料，应当：①增强杭州丝绸的社会属性，将文化融入产品开发；②优化杭州丝绸宣传推广方式，借助国际化赛事、大型活动，将领军企业品牌"抱团"推向国际化；③提升知名企业品牌的可识别性，强化品牌差异，避免同质化竞争；④重视产品设计创新能力，通过培养丝绸产品品类设计师、推动设计师与生产商跨界融合、提高品牌识别性等方式，优先培育发展高端品牌。同时，以高端企业品牌为核心力量，将杭州丝绸行业内部各梯度的企业品牌"串珠成链"，形成以知名企业品牌为引领、中端品牌为支撑的杭州丝绸品牌集群效应。

6.5.2　重拾国家地理标志牌子

实证分析结果显示，民众对于标识丝绸产品品质的高档丝绸标志和杭州丝绸国家地理标志的知晓度非常低，分别为38.5%和6.8%。这说明两种标志在推介丝绸品牌和保障消费者权益方面的作用未得到充分发挥。特别是杭州丝绸国家地理标志，截至目前，这个曾经被杭州丝绸行业寄予厚望的标志，还没有得到有效推广与应用。因此，建议杭州市丝绸行业协会及相关部门，能够重拾杭州丝绸国家地理标志的牌子，充分发挥杭州丝绸原产地的文化优势、品质优势，推动杭州丝绸原产地品牌建设的进程。

6.6　社会责任感培育策略

根据杭州丝绸认知评价体系，民众通过消费者责任、环境保护责任和文化传承责任等具体内容，感知杭州丝绸行业企业社会责任。但是，两类群体对于"重视环境保护"与"传承民族文化"的评分没有明显差异。因此，笔者从维护消费者权益的角度，分析社会责任感培育策略。

实证分析结果显示，"维护消费者权益"是对社会责任变量解释力最大的指标，而且，趋远型群体对杭州丝绸"维护消费者权益"指标的评分明显低于趋近型群体(19.60%)。结合访谈资料，消费者权益体现在丝绸的产品质量、价格公正、售后保障等方面。在杭州丝绸盛名的保护之下，市场上确实存在劣质丝绸产品"搭便车"的现象，导致消费者感知风险增高，对杭州丝绸整体评价降低。

杭州丝绸原产地效应将杭州丝绸行业企业凝聚为一个利益共同体，行业内的全体企业及杭州市政府都有责任与义务，共同维护与建设杭州丝绸的声誉。笔者认为，杭州市丝绸行业协会是杭州丝绸管理的主体，也是原产地声誉建设的主力，要积极承担行业管理与引导的职能，通过确保产品信息真实有效、明确售后保障内容等措施，规范市场秩序，维护消费者权益。

6.7　文化内涵引领策略

　　根据主轴式编码分析,杭州丝绸文化载体的表现形式多种多样,包括现代记忆、织造技艺、主题活动、文物古迹和历史名人等内容;杭州丝绸被赋予了杭州符号、民族符号、传统文化、身份地位、女性特质等丰富的文化寓意;加之,杭州丝绸产业的历史属性悠久。三者共同构成杭州丝绸的文化内涵。

　　实证分析结果显示,文化内涵变量通过杭州丝绸情感倾向的中介作用间接、正向影响民众的行为意愿。分析访谈资料发现,当人们对杭州丝绸产生感情后,会表现出非常积极的参与行为,不仅自己高度赞扬杭州丝绸,甚至说服劝导他人参与杭州丝绸产品或活动的体验、分享和转发等。

　　因此,结合传统文化对人们形成的情感吸引,杭州丝绸行业企业应当充分挖掘杭州丝绸的文化载体与承载的文化寓意,并以喜闻乐见的方式,向公众传播丝绸文化,让杭州丝绸文化飞入寻常百姓家,强化隐性认知,提高人们对杭州丝绸文化的认同感;开发富有文化韵味的丝绸产品,增强人们对杭州丝绸文化内涵的情感倾向,满足人们对传统历史文化的精神诉求,进而提高人们对杭州丝绸的整体评价。

7 研究结论与展望

本书以杭州丝绸为研究对象,从社会认知评价的视角出发,采用扎根理论质性分析方法,探索了民众认知评价杭州丝绸的影响因素(含认知内容与评价指标)、整体评价的构成维度(含情感倾向与理性认知)和产出绩效(行为意愿),以及它们之间的典型关系,从而构建了杭州丝绸认知评价影响机理模型;运用实证分析方法,研究影响因素、整体评价与产出绩效之间的作用机制,检验与改进该模型,并简化与确立杭州丝绸认知评价体系;运用比较分析法,获得趋近型群体与趋远型群体对杭州丝绸认知评价的比较差异;进而,有针对性地提出提升杭州丝绸整体评价的相关建议。

本书的研究方法与理论体系,对中国丝绸、杭州丝绸及丝绸企业等有一定的借鉴意义,丰富与拓展了丝绸领域的研究范畴。

7.1 研究结论

7.1.1 关于杭州丝绸内涵的结论

杭州丝绸内涵的多角度性是影响社会认知评价的重要原因,笔者通过文献研究与访谈资料,从下述四个角度对杭州丝绸的内涵予以界定。

(1) 从蚕丝含量的角度界定。从访谈资料来看,"丝绸、真丝绸与纯丝绸"争议的焦点在于丝绸产品的主要成分及蚕丝纤维含量。本书借鉴国家标准与行业标准,从蚕丝纤维含量的角度对三者进行了区分:①"丝绸"对蚕丝纤维含量没有要求;②"真丝绸"的蚕丝纤维含量≥50%(不包括缝纫线等辅料);③"纯丝绸"的蚕丝纤维含量为100%(不包括缝纫线等辅料)。历史上,杭州以盛产蚕丝织物著称,根据约定俗成的原则,笔者从蚕丝纤维含量上将杭州丝绸界定为"真丝绸"的范畴,即杭州丝绸的蚕丝纤维含量≥50%(不包括缝纫线等辅料)。

(2) 从产品形式的角度界定。"丝"与"绸"本身都具有独立的意义,早期,"丝绸"用来指代原材料"蚕丝"和丝织物中的品种之一"绸";后来,"丝"的概念逐渐弱化,而"绸"的内涵得以延伸,"丝绸"用来泛指丝织物。随着纺织材料生产科技的发展与产品设计创新能力的提升,丝绸产品的形式从传统意义上的面料,逐渐拓展到服装、服饰、家纺、工艺品等领域,从而拓宽了"丝绸"的内涵,即丝绸是指各类以长丝纤维为主的纺织制品。因此,笔者从产品形式上,进一步将杭州丝绸界定为以蚕丝纤维为主原料制作的纺织制品,包含丝绸面料、丝绸服装、丝绸服饰、丝绸家纺(含蚕丝被)、丝绸工艺品和丝绸文创品等。

(3) 从原产地的角度界定。杭州丝绸曾在 2011 年荣获国家地理标志产品保护称号,根据当时的文件,其原材料"蚕丝"源于杭州,且产品的生产地在杭州,局限性比较大。随着东桑西移,用以生产杭州丝绸的原材料"丝"的来源不再局限于杭州地区,云南、广西、四川等地的蚕桑基地都能够为杭州丝绸提供优质的茧丝原料;同时,从社会认知的视角看,人们的关注点并不在于原材料"丝"来自哪里,而是成品"绸"的品质如何。因此,笔者借助原产地的概念,界定杭州丝绸的关键工艺制造地、品牌注册地或者生产加工地在杭州。

(4) 从名称指代性的角度界定。结合文献资料与访谈结果,杭州丝绸的指代意义包括杭州丝绸产品、杭州丝绸产业、杭州丝绸原产地品牌、杭州丝绸文化和杭州丝绸市场等,但是,核心指向是杭州丝绸产品。

鉴于以上对杭州丝绸的蚕丝含量、产品形式、原产地和名称指代性等多角度的界定,笔者认为,杭州丝绸是指生产加工地、品牌注册地或者关键工艺制造地在杭州的丝绸产品,包括丝绸面料、丝绸服装、丝绸服饰品、丝绸家纺(含蚕丝被)、丝绸工艺品和丝绸文创产品等,其原材料以蚕丝纤维为主(蚕丝纤维含量≥50%,不包括缝纫线等辅料)。

7.1.2　从杭州丝绸认知评价作用机理得出的结论

(1) 通过杭州丝绸认知评价影响机理质性分析得出。①杭州丝绸整体评价的影响因素包括产品知识、关联信息、产品表现、服务表现、品牌表现、社会责任与文化内涵七个;②杭州丝绸整体评价的维度由民众对杭州丝绸的情感倾向与理性认知两个因素构成;③杭州丝绸整体评价的产出绩效是使民众产生趋近或规避杭州丝绸的行为意愿。

(2) 七个影响因素对杭州丝绸整体评价的作用机制。①七个影响因素与杭州丝绸情感倾向之间存在因果关系,且作用强度从强到弱依次为关联信息>社会责任>品牌表现>服务表现=产品知识>产品表现>文化内涵,说明民众对杭州丝绸的情感倾向在很大程度上受到关联信息、社会责任与品牌表现的影响,这三项因素的作用强度显著高于产品表现,这可能是由于民众的蚕丝织物产品知识水平普遍缺乏,因而转向依赖外界信息;②产品表现、服务表现和品牌表现三个因素与杭州丝绸理性认知之间存在因果关系,且作用强度从强到弱依次为品牌表现>服务表现>产品表现;③产品知识、关联信息、社会责任和文化内涵与杭州丝绸理性认知之间不存在相关关系。

(3) 杭州丝绸认知评价对行为意愿的影响机理。笔者构建了"认知→评价→行为意愿"的研究路径,实证分析表明:①杭州丝绸情感倾向、理性认知分别与行为意愿之间存在显著的正相关关系;②产品知识、行业信息、社会责任和文化内涵四个因素通过情感倾向的中介作用正向影响行为意愿;③产品表现、品牌表现和服务表现通过情感倾向和理性认知的中介作用正向影响行为意愿;④产品表现、品牌表现与服务表现三个因素对行为意愿有直接、正向影响作用。

(4) 杭州丝绸认知评价体系的构成。杭州丝绸认知评价体系分为个体和环境两个层面。个体层面包括产品知识和关联信息两个影响因素；环境层面包括产品表现、服务表现、品牌表现、社会责任和文化内涵五个影响因素。其中，产品知识通过专业知识和经验知识两项内容认知，分别对应性能特点、织物特征和养护知识、经验丰富性和鉴别能力五个评价指标；关联信息通过自身接触的信息获取渠道、行业企业推介和媒体舆论导向三项内容认知，分别对应信息渠道便捷性、宣传推广能力和负面信息处理能力，以及媒体舆论导向四项评价指标；产品表现通过杭州丝绸的质量、设计创新能力、性能和价格四项内容认知，分别对应高质量、设计创新能力、使用性能和性价比四项评价指标；品牌表现通过杭州丝绸的品牌定位和形象识别两项内容认知，分别对应多样性、知名度和合理性，以及易识别性四项评价指标；服务表现通过杭州丝绸的服务专业性、服务周到性、售后保障、服务态度和店铺形象五项内容认知，分别对应专业性、周到性、保障性、服务态度和店铺形象五项评价指标；社会责任感通过杭州丝绸的消费者责任、环境保护责任和文化传承责任三项内容认知，分别对应维护消费者权益、重视环境保护和传承民族文化三项评价指标；文化内涵通过杭州丝绸的历史属性、文化寓意和文化载体三项内容认知，分别对应历史悠久性、寓意丰富性和载体多样性三项评价指标。

7.1.3　从群体差异下的杭州丝绸认知评价对比得出的结论

根据被调查者行为意愿的均值，将人群分为趋近型群体（＞3.25）与趋远型群体（＜2.75），比较两类群体对杭州丝绸认知评价的差异，结果显示：

（1）比较差异最明显的变量是产品表现，具体原因在于趋远型群体对于丝绸制品中的蚕丝纤维含量的认知错误，以及对保健性、色牢度、时尚感、设计感、创新性、价格公平和保形性等属性的认知不充分。

（2）比较差异高出10%的评价指标：①产品知识变量中的"性能特点"与"购买使用经验"，其原因在于趋远型群体对于丝绸面料的热湿舒适性、保健功能、抗皱性、勾丝纰裂性能和使用便利性等属性认知不充分，且购买使用经验明显少于趋近型群体；②关联信息变量中的"信息渠道便捷性"与"媒体舆论导向"，主要原因是电子媒介及口碑传播的影响，以及媒体负面报道的影响；③服务表现变量中的"周到性"与"保障性"，原因是趋近型群体的个性化需求未达到预期，对售后保障存在不确定性；④品牌表现变量中的"易识别性"，主要原因是品牌宣传推广不足，品牌差异化不明显；⑤社会责任变量中的"维护消费者权益"，主要体现在产品价格公正性、产品信息真实性和售后服务可靠性上。

（3）比较差异最小的变量是杭州丝绸文化内涵，两类群体对该变量的评分比较一致，均值高于4.2，说明杭州丝绸文化内涵有较高的群体认同度。

此外，比较差异较小的指标有品牌表现变量中的"多样性"、社会责任变量中的"重视环境保护"。

7.1.4　提升杭州丝绸整体评价的建议

根据调研结果和实证分析,结合访谈资料,笔者从产品知识、关联信息、产品、服务、品牌、社会责任和文化内涵七个方面,提出了提升杭州丝绸整体评价的建议:以专业知识普及与使用习惯养成为切入点的产品知识科普策略;以意见领袖带动与信息平台建设为切入点的关联信息畅通策略;以优势性能应用开发与设计创新能力提升为切入点的产品开发策略;以周到性服务体系构建和保障性服务制度建立为切入点的服务提升策略;以实施高端品牌发展与重拾国家地理标志牌子为切入点的品牌建设策略;以维护消费者权益为切入点的社会责任感培育策略;以文化认同度提升为切入点的文化引领策略。

7.2　研究展望

笔者在理论构建和实证分析的过程中力求科学规范,获得了具有一定意义和创新性的研究结论,达到了预期的研究目标。但是,在客观上存在研究对象内涵宽泛、认知评价内容庞杂,以及以往研究缺乏等实际问题与困难,受到自身学术能力和客观条件的限制,研究工作仍然存在诸多不足,主要体现在以下三个方面:

(1) 研究对象的内涵较为宽泛。笔者以杭州丝绸作为研究对象,民众认知评价的内容从具体的产品质量、到抽象的文化传承责任,涉及与杭州丝绸相关的产品、服务、品牌、社会责任感和文化内涵等各个方面,在追求对杭州丝绸整体认知评价的同时,忽视了对微观内容的具体分析,导致对相关问题的研究不够深入。

(2) 影响因素局限。笔者以扎根理论研究方法构建的杭州丝绸认知评价影响机理模型为基础,采用实证分析法检验了个体层面和环境层面的影响因素——产品知识、关联信息、产品表现、服务表现、品牌表现、社会责任和文化内涵等对杭州丝绸整体评价的作用,但是,对各影响因素之间的相互作用考虑不足。

(3) 调研样本局限。笔者在实证分析阶段回收有效问卷 1549 份,尽管可以满足研究对数据与样本量的要求,但是调查问卷的实际发放地点在杭州地区,调研样本在地区分布上存在局限性。

基于上述研究现状,未来可以从以下三方面进行深入研究:

(1) 研究对象的细化。笔者构建的杭州丝绸认知评价体系属于综合性质的框架,对于了解杭州丝绸具有提纲挈领的作用。进一步研究可以将杭州丝绸细分至产品、服务、品牌、社会责任、文化等更细化的研究对象,使研究问题更加聚焦,以便获取深层次的认知内容和评价指标,使杭州丝绸认知评价体系更加清晰和深入。

(2) 影响因素之间相互作用的分析。杭州丝绸整体评价的影响因素是多维的,笔者只针对质性研究得到的典型作用关系展开实证分析,而对于各影响因素之间的相互作用未做探讨。后续研究应深入分析这些问题,使杭州丝绸认知评价作用机理更加完善,有助于为提升杭州丝绸整体评价提供更具体的指导建议。

（3）扩大调研样本的范围。杭州丝绸中的很多中高端产品以外销为主，在国外拥有良好的知名度。进一步研究可以将调研样本扩大至国外群体，增加调研样本的代表性和覆盖面，关于杭州丝绸认知评价的结论会更有说服力。

此外，笔者在主轴式编码阶段提取的主范畴"整体评价"，在后续回顾文献资料时注意到，"整体评价"的内涵高度指向"声誉"的概念。进一步研究可以以此为基础，探索杭州丝绸行业声誉的构成要素。

附　录

附录1　访谈素材原始语句列举

主范畴	初始范畴	数据资料语句列举
产品知识	经验知识	A2 蚕丝纤维的用途有五个方面：①服装，占55％左右；②服饰（领带、围巾等），占15％左右；③家纺（居家用品、床品件套、巾被毯等），约占20％；④文化礼品；⑤休闲保健用品、面膜等（后两者加上其他用途，占比不超过10％）。这些用途上，最有前景的是丝绸家纺，舒适性、保健性、观赏性都恰到好处，近几年有增量，但是增幅不大。今后丝绸的主要用途仍然是服装服饰和家纺。 A2 喜欢丝绸的人不知道到哪里去买，生产丝绸的人不知道到哪里去卖。 A12 时装公司不知道丝绸做什么用，对丝绸的性能、材料不了解；设计师用丝绸比较少。曾经遇到一种情况，企业按照订单生产的双宫丝面料送到客户手上后，客户不认可；然而，做出的服装有种天然的粗犷感（竹节，客户原以为是疵点），销售情况良好，紧急追加订单——这也是一种脱节，设计师不了解丝绸，营销人员不了解，消费者也不了解。 A104 以前会去丝绸市场淘淘真丝睡衣，那时候还可以还价，真的好便宜，不晓得现在怎么样。 A105 个人觉得，如果是普通游客或者是个人自用购物，尽量选择有正规认证的大品牌，或者选择正规商家。除非有内行带着，就好比北京本地人很少去王府井步行街的店铺里买东西。也不要轻信软文，小品牌的钱都花在广告宣传上，大品牌的钱都花在品质实力上。 A112 杭州丝绸产品的种类繁多，裙子、睡衣、旗袍、内衣等各式各样。个人感觉花色比较鲜艳，可能中老年人更偏爱一些。我本身不懂丝绸，但给家里人买过很多，不清楚真假，只是感觉样式比较合适，价格也还合理，平均一件一百六七十元，算作伴手礼了。 A114 店里有各种层次的丝绸产品，想说水也算是深的，但是，也没必要带个本地人或者懂行人，毕竟都是明码标价的。 A120 虽然杭州丝绸是本地特产，但是真正穿在自己身上的机会也不多。 A121 我先后买过丝巾、睡衣、T恤、衬衫、旗袍……感觉实用性比较好的是丝巾和睡衣，最有代表性的莫过于用丝绸面料做的旗袍——只是，现在很少有人能够穿出旗袍的味道。 B2 去丝绸市场比较好，那一条街全部都卖真丝的东西。其实，一般问问店员要买的产品是不是真丝，姆米数是多少，他们不敢欺瞒，都会如实告知。 B6 作为杭州本地人，丝绸市场我还是第一次来。以前，我一直认为这里只是旅游打卡的地方。其实，这里能够淘到很多宝贝，这次我淘到了心仪的围巾，比之前买的有过之而无不及，无论从品质还是质量上，手感特别舒服，有时间还会回来晃晃的。 B7 丝绸城是一条商业街，这里的每一家店铺都是卖丝绸产品的。从丝巾、睡衣、衬衫到外套、裤子，应有尽有。不过，冬天的丝绸摸起来凉冰冰的，真心感觉冷啊！与其他地方比起来，丝绸城的价格要便宜很多。但是，品质参差不齐，最好找有经验的朋友带着。

主范畴	初始范畴	数据资料语句列举
		B8 我是丝巾狂热者,对桑蚕丝略有了解,进到(杭州中国丝绸城)里面非常喜欢,买了很多;但是,也看到有人造真丝,需要自己分辨。

B12 我感觉丝绸比较适合老年人,年轻人也不喜欢用丝绸。

B14 丝绸街内真货假货充斥其中,要有一双慧眼和一张会砍价的巧嘴,否则会吃亏上当。

B27 逛湖滨银泰 In77 的时候,在二楼发现了凯喜雅丝绸。看着好漂亮啊,有丝绸服装、丝巾、手包……花色品种真不少。

C1 杭州中国丝绸城是很值得逛的地方,有韵味、有风格,只是要买丝绸的话,得用点心,只有自己能够鉴别,才能发现价格合理、品质优良的好东西。

C6 我自己一般不敢在丝绸城买,需要认识的内行人推荐。

C7 如今的仿真丝工艺能达到什么水平呢——就是跟真丝绸同样的手感,普通消费者不可能分辨出来。

C12 丝绸街在我很小的时候就已经存在了。小时候,跟着妈妈逛,现在有的时候需要出国,也会从这里带些家乡的特色给国外的朋友,说起来,那些老外竟然知道"杭州丝绸",我也是蛮骄傲的! 我还喜欢去中国丝绸博物馆,那边丝绸产品的选择余地虽然小,但是,好处在于可以自己动手做,参与缫丝、织布、染色等制作。

C13 丝绸之都比较靠谱,其他地方不会辨别;杭十四中后面的都锦生厂部丝绸比较好;南山路有一家丝绸总汇店,各种品牌丝绸都有售。

C17 我觉得在杭州买丝绸产品最好是去专卖店,品质有保障;然后,就是丝绸城,店铺多,东西也多,价格又实惠,不过要花点精力才能淘到货真价实的好产品;中国丝绸博物馆内的丝绸商店有国字号的博物馆撑门面,品质也不会错,只是产品品类少,挑选范围小;最不能相信的就是街边店铺,门口伸出个铁架子,挂满密密麻麻的产品,告诉你是丝绸,一般都不会是真的。

C18 我是购买丝绸的经历比较多,也积攒了些经验,比如"丝绸≠真丝"。所以,购买丝绸产品时,如果对方告诉你的是"丝绸",那就要留心了,一般都是仿真丝类产品。至于去哪里买,其实,商场、专卖店等都比较有保障,而路边摊和小门店最好不要尝试。再者,网购要仔细看产品信息,在标题、详情介绍中,凡是出现"仿""纺""冰丝"之类的字眼,一眼就应该看明白是仿品,而非真品,例如"仿真丝绸睡衣"。第二,看材质,如果出现"聚酯纤维",或者面料只写了"丝绸",那就是妥妥地诱导外行,自己多经历几次就记住了。第三,看价格,丝绸有材料成本控制着,超低价的产品不可能是真丝绸。最近几年,原材料蚕茧的价格一直在上涨,半成品面料的价格在上涨,那么,成衣的价格不可能低于面料的成本,对吧? 最后的办法,就是你直接问店员或者客服,问丝织物的类型、蚕丝纤维的种类和含量,问原材料的姆米数,如果对方躲躲闪闪,那就不用浪费精力了,肯定是假的。

A19 真丝很容易皱,你用手攥一下,看它是不是起皱,如果攥完马上恢复,看不到折痕,基本就能确定是假丝绸。真丝也有原材料之分。

A20 我是杭州人,自己平时很少需要买。我的建议也是去中国丝绸城。一两百块钱大概就能买到一块丝巾,还有促销处理断码的睡衣之类的。

A21 买杭州丝绸产品,想着图个价格实惠,就直接去西健康路、凤起路那边的丝绸城。产品可能不是百分之百的纯真丝,但是,胜在价格接地气,杭州本地人也经常去那儿买。想要买品质好的真丝绸,那就不要过多地考虑价格,选一个知名点的品牌,比如烟霞丝绸——虽然也有可能不是纯真丝,但是,总归而言,比较正规。最后,热情好客的司机、导游、大妈等要亲自带你去的地方,基本不能买。这不涉及真假丝绸的问题,而是花费钱多少的问题。

A22 下城区的环北丝绸城不错,可以逛逛,可以砍价,比高大华丽装修的丝绸店好多啦!

A23 杭州丝绸去专卖店吧,譬如都锦生、丝绸之都之类的。

A24 杭州丝绸之都购物中心环境不错,价格也合理,推荐哦! 其实要说买丝绸,最便宜当然是丝绸市场,但是丝绸的东西一般大路货。

（续表）

主范畴	初始范畴	数据资料语句列举
关联信息	官方信息	A2 我们需要迅速建立一个平台，把上下游产业链所有丝绸信息数据对接。 A23 丝绸界和设计界之间信息不对称或交互少，大家都盘踞一方奋力图强，却无法整合。 A26 以丝博会为平台，链接产品设计、图案设计、面料设计、织造生产、产销渠道等共同推进。上下游要链接，做图案的要想到这块布将来要做成什么产品。 A34 凯喜雅是被真丝原料耽误的公司，希望能好好推广品牌，不要埋头只做出口。公众号一周不发一篇，没有像样的网店，品牌宣传做得特别不够。
	舆论导向	A12 内需不旺。以前有穿丝绸的传统，而现在没有，中国人不会穿丝绸。针对民众的教育和推广不够，要恢复对丝绸消费观念的普及。
	自主获取	B9 我想给朋友买些丝绸小礼品，被同学推荐来了环北丝绸城。 A16 今天第一次到杭州，我妈也想买丝绸，然后就问出租车司机哪里丝绸便宜？他问我们想听真话还是假话，他说买不到真丝绸，而且很贵，他要是带我们去买，买 3000 的，他可以得 1500。
产品表现	质量之蚕丝含量面辅料质量工艺质量包装质量	A2 蚕茧大战、成品绸大战使市场秩序混乱，以次充好，缺斤短两，掺假使杂，败坏了丝绸的名声。不要以为丝绸是纤维皇后就自以为大，看看自己的产品能否靠自身的质量说话。例如，国家标准要求是 16.5 姆米的 654 素绉缎，现在有多少真正能达到 16.5 姆米这个质量？基本徘徊在十五点几姆米。做成面料容易纰丝、松懈，做里料牢度不够。看着 654 做出的大众产品，那种经纬上的疏松泛出的廉价光泽，洗过后惨不忍睹的现象，我真的替那些消费者汗颜。丝绸是好东西，但是质量不达标。 A7 多年以来，丝绸，尤其是蚕丝被行业，真技术没见多少，造伪技术倒是很多。做真货容易，卖真货太难。 A13** 一直在发展 100%蚕丝被，只是市场竞争、造假厉害，一个人跟无数造假者竞争，力量太单薄。 A20 任何行业，只要做到极致，就不怕没市场。 A29 丝绸质量达标了，消费者认同了，市场经济效益明显回升。我的想法，丝绸人应该自我做起，质量可靠才有市场。蚕丝就是蚕丝，蚕丝变不成棉麻，蚕丝如果从价格或销量上突破，只能从源头和终端做需求平衡。 A30 产品质量真正的差异产生于标准。 A34 传统工艺采用酸性染料染色，优点是颜色比较鲜艳，但是，缺点是色牢度差，日晒色牢度、水洗色牢度等都比较差；采用金属络合染料染色，优点是改进了色牢度，缺点是颜色又显得暗淡了些。那么，现在的活性印花恰好解决了上述问题。 A38 丝绸的色牢度问题一直被行业内外所诟病，希望能够开发丝绸专用染料和助剂。色牢度有第三方的测试报告，天威活性墨水色牢度平均可达 4～5 级，同时色牢度还与浆料、汽蒸时间、温度有关，不同面料有对应的浆料，当然不可能测试所有的面料。 A41 丝质太过轻薄、皱褶，后道还没有达到非常好的效果。 A101 某些店面为了招揽顾客，在门口促销 10 元/条的真丝方巾，标榜杭州丝绸。但是，其材质基本为 100%涤纶仿真丝，贪图便宜的消费者很容易被误导。 A101 买方为了追求品质上的放心，选择一些知名度比较高、美誉度比较好的牌子；而卖方为了追求利润，斗胆仿冒其他商标去迎合消费者心理。 A101 同样的产品，不同的商家报价差距过大，而普通消费者无法辨别真伪优劣——买高价产品，担心价格虚高；买低价产品，又担心买到假货。

主范畴	初始范畴	数据资料语句列举
产品表现	质量之 蚕丝含量 面辅料 质量 工艺质量 包装质量	A102 购买的丝绸睡衣在洗涤之后，出现缩水变形、褪色等问题。可能是产品自身质量不过关，也可能是丝绸产品的洗涤护养方式不正确。 A103 色牢度不够，假丝，偷工减料，成分不足。 A107 我是在无意间发现的丝绸城，想着顺道买一套丝绸睡衣。进去之后，问店家是不是丝绸的？他们说含量 95%。我想，是真丝绸就行，不要求 100%。幸亏我看了下内标——95% 的聚酯纤维，根本不含（蚕）丝。 A125 购买的时候要记得看标签，产家一般不会乱标。 A120 小时候的夏天，妈妈会用丝绸的褂子给我当睡衣穿；现在我长大了，自己不太会穿丝绸，因为比较难打理。 B11 丝绸成品价格有高有低，有些短裤 10 元，对蚕丝的纯度表示质疑。 B13 我买了丝绸睡衣还有双面披肩，东西很不错，摸起来很舒服，手感特好。 B8 离开会议室前，我们把学习用的丝巾折叠好放着；助理老师跟我们说，这条丝巾被我们弄得皱皱啦，放着就会平整回去的，感觉很神奇…… C11 买丝巾，要看产品的品牌和价格，也要看蚕丝含量和面料密度，蚕丝含量越高，产品密度越大，相应的品质和价格也越高。 C18 产品在面料与工艺方面的细微差别，不是真假丝绸的讨论范围。
	价格之 产品价位 保价能力 性价比	A2 丝绸遇到的挑战主要是与棉、麻、毛、化纤的竞争。2000 年以来其他纤维价格没有大涨，反而有所下降，而生丝价格涨了三倍。我们最早做 645 素绉缎的时候是 90 年代——18.5 元/米。当时，工厂的利润蛮可以的。现在，70 多块钱一米！可以想想，现在的 70 多块钱可以买什么东西？也可以想想，企业的这个利润空间已经非常窄。蚕丝的价值是其余纤维的 10 倍，全世界纤维的总价值是 5 万亿元人民币左右，但是蚕丝价值在 400 亿～500 亿元人民币——1‰ 的量、1% 的价值，其性价比高出其他纤维 10 倍。 A4 产品质量要好，价格在现代社会不是问题。最怕为了节约成本，弄出高不成、低不就的现象。 A25 丝绸产品不能靠以量取胜，价格昂贵必定导致需求下降，产品和价格都很关键，开发好的产品能创造需求。 A33 消费群体要便宜，厂家很无奈。 A50 成品赋予价值很重要，与原料价格没有太多的逻辑关系。 A64 杭州丝绸总体感觉是比较高端，但是时装市场上的应用并不多，可能是太贵了。 A68 杭州丝绸质量很好，颜色艳丽，价格公道，送人很上档次。 A70 现在的丝绸产品价格不是一般人可以消费得起的。 A81 购买过蚕丝被，价格还能接受。 A92 个人觉得产品高高在上，不够亲民。当然，我也没有深入了解过，可能有点片面。 A96 我觉得丝绸太贵了，我的消费水平低。 A109 相中的衣服不是太贵，就是自己买不起。太惨了！ A110 我打算带些杭州丝绸回老家分给亲人朋友，所以来丝绸城逛逛，了解一下。逛过几家门店之后发现，价格相差很多，如果购买，一定要多比比看。 A111 每年夏天，我都会特意来丝绸城买几条裙子，这里的性价比很高，划算又漂亮。你看，刚刚我在这里淘到的三条裙子，都很满意。刚进来的街口第一家店，花了 260 元买到一条里外全桑蚕丝的裙子，稍微有点薄透，但是，价格和款式相当好；里面的许多小店也能淘到好东西，但是要记得还价，多少能够砍掉一些……

（续表）

主范畴	初始范畴	数据资料语句列举
产品表现	价格之 产品价位 保价能力 性价比	A121 这边的丝绸价格高低不齐,不知道哪些是真丝绸,哪些是仿丝绸。希望有关部门规范一下哪些商品可以叫作丝绸,并且标识出来。 B1 摸着还不错,当成特产送的,价格也合适。 B9 满满一条街都是丝绸店面,从五十六块的小方巾,到几千块的手工披肩、定制旗袍,产品应有尽有。建议多逛几家,对市场有所了解,再出手,总能淘到心仪的丝绸产品。 B10 老妈说杭州丝绸好便宜,1000＋的裙子竟然买了两条,这还是三折后的价格,希望没有被坑! 幸亏是夏天的尾巴,产品在打折,若是冬天,恐怕要破产在杭州了。 B13 都锦生丝绸的种类很多,有丝巾、睡衣、床单之类,不过价格也比较"美丽",一套丝绸内衣就要上千元,让人望而却步。 B4 店里有些断码的特价睡衣,价格比别的款便宜两百元。 C19 真丝真的不便宜,过年后又涨价了。
	性能之 自然属性 社会属性	A7 在我的印象里,丝绸衣服比较难打理。 A12 丝绸面料具有防护功能,如防紫外线。 A23 我最近听说,有一些特种用途蚕丝开始出现,如医用蚕丝、抗菌蚕丝等。受原材料产量的局限,丝绸产品在产量上难以突破,但是如果在应用功能上可以突破,也是一条非常不错的发展路径。 A26 丝绸的漂亮和舒适,别的材质赶不上。 A39 丝绸印花可以做到不掉色,关键是要调整印染技术。 A41 丝绸面料的贴体感、垂度、质感好。 A63 我最喜欢真丝的丝巾,舒适、亲肤。 A64 我觉得丝绸是有钱有闲人的特供,因为它贵,而且打理起来很麻烦——洗涤剂、日晒对护理的要求太多了。 A67 现在生活条件好了,我夏天只穿真丝衣服,凉爽、舒服! 贴身的衣服大多是真丝的,给家里小孩子用的也多是真丝的。 A75 经济条件允许的话,我会选择丝绸产品,但是不会太多。因为丝绸服装不太适合日常穿戴,太难打理了! A76 可能会买睡衣、丝巾,比较亲肤、透气,对皮肤没有刺激。 A81 蚕丝被(内胎)是天然绿色纤维,有保健功能,没有螨虫,能用好多年。 A119 作为土生土长的杭州人,我小时候经常陪着妈妈来这条街上买丝绸。因为以前的人喜欢舒服、透气、柔软的料子,穿在身上又好看。现在,我也会到这里逛逛,虽然丝绸产品动辄几百块,但是,从性价比上看还是非常划算的,不像动辄上千元的衣服,也不一定有高级感。 A122 我去台湾的时候,购买了很多杭州丝绸小丝巾,带去送朋友。 A124 妈妈喜欢花花绿绿的丝巾,拍照心里美啊! 她给自己买了一条方巾,还给朋友带了好几条。 A127 杭州丝绸是江南特色产品,无论包装、质量、工艺还是设计,都做得非常精美,而且花型寓意美好,送人最适合了。 A129 吸引我的是都锦生的品牌价值,非常适合用来送人。 A130 凯喜雅的丝绸手包很是精美,我买来送人做生日礼物。 A106 要突破和解决面料的稳定性,需要在细节上突破。 B17 听老一辈们说,过去的杭州姑娘,都以拥有一件织锦缎的衣裳为荣。杭州女儿出嫁,嫁妆里万万离不开织锦的被面和床品! B18 我喜欢看外地客人的热闹喧哗,把杭州丝绸当作伴手礼送给亲朋好友。我自己则喜欢挑选丝绸内衣贴身穿着,非常舒适。

（续表）

主范畴	初始范畴	数据资料语句列举
产品表现	性能之自然属性社会属性	B19 公司需要购买礼品送给外地客户，想起了万事利丝绸。包装就跟爱马仕一样，送外地客户正好，高端大气，一点不低调。 B10 都锦生织锦工艺复杂、好看，经常被用来做服装或者家具装饰。 B21 丝绸制品很多，睡衣、围巾、旗袍、布艺包包、扇子等，作为纪念品、馈赠亲友的小礼物，蛮不错的。 B19 精致的小工艺品一直都是我的心头好，万事利店里的产品有着杭州特色的古朴味道。木质的大书柜上摆满了各式各样的书籍，上面的匾额写着"最忆是杭州"，茶具、丝绸、小摆件，适合买回去当伴手礼送小伙伴，算是特产、纪念品吧！ C19 真丝的手感真的很好，其他面料没法比的。可惜太容易掉色了！
	设计创新能力	A6 保持传统特色，再创新，为家纺、服装开发新产品。 A7 丝绸产品开发和消费观念普及是丝绸行业发展的两条腿，大家能开发的多开发，能推广的多推广。 A9 寻找真正的中国设计、匠心制造和东方美学。 A10 凯喜雅的那个包构思非常好，想法也很好，但是，整个造型欠缺灵动感和严谨性。例如边锋处理、配色和针脚等工艺，尽管是手工制作，但是有些粗糙。总之，凯喜雅的包设计概念是好的，只是看上去还不够细巧，边上有毛边翻出来，这种细节最难处理，难在什么地方？难在精工细作！这个"精工"既有机械的辅助，也有手工的传承。 A17 消费者不仅对款式花型图案质地品牌等后道工序提出了强烈的个性需求，而且对面料的纤维含量，对纱线的并捻强度等中道工艺也提出了强烈的个性需求。中道、后道的规模化、批量化、流水线遇到了小众化、个性化的重大挑战。顺之者昌，逆之者亡！ A18 丝绸人的出路是创造高附加值的产品——用丝绸的历史文化和其他纤维不能替代的特性，创造出有特色、高价值、时尚的丝织品。 A19 鼓励丝绸企业自主设计花型，提高知识产权保护。 A26 服装、旗袍都讲究设计感，而不是简单的面料花型设计，面料花型只是其中一个比较明显的形式。有些产品质量很好，但是面料图案不够好，服装款式过气，真可惜了这么好的面料。 A26 即使在服装市场，除旗袍外，其他品类也没有充分开发。 A31 丝绸产品的同质化现象很严重，需要不断地做产品研发。 A33 市面上的丝绸服饰，花型设计要么仿制国外花型，要么就是老的传承，创新很少。 A40 研发丝绸产品，基本有三条思路：一是材料的组合，新型纤维与蚕丝纤维的组合，例如天丝与桑蚕丝的混纺；二是三原组织的组合，以及几何纹样、写生纹样的组合；三是颜色的搭配，开发各种提花面料。 A42 丝印画 & 日用品作为名画的艺术衍生品，讲究包装、专卖店销售。 A45 近年来，丝绸服装在国内销售占比一直很小，最主要的原因是设计不够大众化。 A47 以传统工艺精神做基石，创造新的市场。 A49 丝绸与旗袍的结合更加宣扬文化，丝绸和国际 T 台时尚结合更加宣扬面料优势及特性。 A41 面料对产品的诠释非常重要，参与开发独特的面料。 A66 丝绸可以延展出很多产品，有服装、家纺（真丝毛毯）、饰品（丝巾、领带）等，各种各样，丝绸服装的颜色、款式、花样也丰富多彩。 A87 相对来说，市场上的真丝服饰款式单一，不够时尚，不够年轻化，色彩上又太艳丽，花花绿绿，怎么穿呢？

主范畴	初始范畴	数据资料语句列举
产品表现	设计创新能力	A90 丝绸在中国的开发不够,只停留在做旗袍、睡衣、围巾等产品上,非常缺乏时尚元素。因此,大多是妈妈们的所爱,缺乏年轻消费群体的拥戴,或许根源在于丝绸面料的花色、工艺等方面,需要改良成满足时尚而又快节奏的现代生活需要,这样才会有更大的市场。 A108 我感觉丝绸料子确实很好,但是,款式传统,适合年龄偏大的消费者,年轻人很难挑选到满意的。 A111 创新,源于需求,依靠员工。 A117 我喜欢购买丝绸围巾、睡衣之类的产品,当然,各式各样的褂裙很多,性价比又高。 A120 小时候,我经常到这条街上玩,也会陪妈妈在这里买丝绸。时隔多年,感觉款式更时尚了。 A123 绮臣丝绸虽然不是大品牌,但是材质柔软,花纹新颖,比较富有设计感。 A145 对丝绸的行业充满信心,唯独缺乏创新。女人都爱丝绸,用户需求是一直存在的。 A107 要做出真正有创新性的产品,需要跨界合作,不能光靠自己的力量在熟悉的领域研究。一些薄弱环节,比如创新性、图案的后现代能力,还有很多东西,都需要一些跨界的强强联合,这样才能做得起来。
品牌表现	知名品牌之形象识别	A22 品牌价值和认可度很重要。 A23 丝绸产品开发不力,品牌塑造不力。丝绸今后的模式必然是高效率规模化的前道生产＋个性化小众化的中后道生产＋品牌化的销售服务。 A33 年轻人不懂什么叫品质,他们只知道品牌两个字。 A118 多次购买烟霞丝绸,色调很美,妈妈很喜欢。 A145 完全不缺好产品,独缺好品牌,缺一个爱马仕级别的丝绸品牌,缺一个快时尚商业模式的丝绸品牌。 A123 我比较推荐绮臣丝绸,虽然不是大品牌,但是质量很好。 A129 都锦生是杭州丝绸本土品牌的形象大使,非常有名气。 B10 杭州丝绸不需要多夸,在国内非常有名。 C4 我推荐凯喜雅、万事利、都锦生、经纶堂等品牌。 C10 在梅岭丝绸,不光有自主品牌,像万事利、凯喜雅这样的知名丝绸商品,都可以买到。 C1 都锦生丝绸的风格偏传统;凯喜雅注重设计,工艺细节弱了些;喜得宝的风格陈旧了点;万事利丝绸的设计感和品质感,都蛮不错的;达利出口做得多,品质可靠;华泰丝绸也很好,只是太过低调,根本不重视宣传。这些品牌质量都很好。 C2 有加贴"高档丝绸"标志的丝绸产品,都可以放心购买。全国的丝绸企业只有 34 家能挂,质量是非常靠谱的。
	品牌定位	A1 我想应该是定位高端或时尚的目标市场。 A2 丝绸产品的目标群体,应该向年轻人转移,这就需要在时尚化方面多下工夫。即使做高端产品的看不上快时尚,感觉优衣库、ZARA、HM 把好的材质浪费了,闷头自顾自地做,可是市场不接受啊。现代社会就是快时尚型的,要发展,就得认清形势。 A2 品牌国际化的差距很大,我们的制成品一定要有所突破,要做到纽约、巴黎,就是要去跟大品牌竞争;同时,不放弃百姓家里,就是要做到平民化、时尚化。

(续表)

主范畴	初始范畴	数据资料语句列举
品牌表现	品牌定位	A4 传统的东西始终是传统,沉淀下来的永远是最时尚的。年轻人穿不起丝绸时,不要硬让他们去消费丝绸;要让那些中年人,能够沉淀下来的有经济基础的,搞一点中国的奢侈品牌,搞一点好东西。丝绸生产环节决定了,包括生产成本,就放在那里,永远做不到铺天盖地的覆盖市场。若是搞快时尚,就把丝绸搞死了,丝绸面料不便宜。我一向反感把丝绸卖给年轻人,否则只会助长企业拼命追求产量,降低自身的利润空间,然后靠产量来博利润,最后大家死翘翘。我认为,中老年人是丝绸消费的主力军,年轻人让他们看着旗杆上的旗子,让他们去向往,然后他们总有一天也会消费得起。品牌就是这样,并不是说上中下全部都要顾到。你如果上中下全部兼顾的话,你谁也顾不了。 A4 使丝绸真正成为奢侈品,作为中国的奢侈品,也是世界的奢侈品去生存、去发展。这种发展是严谨的发展,不是扩大面的发展。 A26 现在有一个有能力、有品位的群体,比如女高知、女高管、全职主妇、一些老外等。 A27 追求质量可以,但是成本高,市场不认可。国内品牌,谁用超过 300 元/米的丝绸面料做产品?只有高定用。 A26 面料设计应该跟着下游应用走。 A28 质量好并不等于市场需求。需求是不同的,高质量满足高需求的客户。忽略年轻人的市场,就是忽略品牌的未来价值。 A45 平民化拉动内需,设计师引领时尚。 A46 终端市场消费趋势的反馈,比设计师个人的喜好更有决定性,听设计师的,更要听终端的。 A62 我感觉年纪大的人喜欢丝绸,因为穿着舒服。 A76 现在喜欢穿真丝了,因为觉得能够驾驭了。 A83 我觉得丝绸产品应该向年轻人倾斜。 A94 现在年轻人对丝绸的了解太少了,都不爱穿丝绸,认为那是中老年人的衣服,我们老年人确实喜欢丝绸,舒服啊! A116 我感觉杭州丝绸的品牌特别多,林林总总,高中低端的牌子,应有尽有。既有知名企业的实体店,也有名不见经传的小店铺。不同层次的消费者都能够在这里找到合适的产品,大可以按需所取。 A104 丝绸必须从高端品质着手。其实很简单,你看旗袍在国外这么火。在国外,不管你参加什么重量级的场合,穿上有新意有创意的丝绸旗袍,不比 LV、阿玛尼的档次低,只有别人仰慕你。 A106 中国的丝绸制成品在老百姓心中好像没有叫得响的品牌,感觉迷茫! A107 做高品质的东西,让消费者对产品有所仰慕。消费者可以先入手小件商品,逐步培养起对品牌的向往。当他有能力消费大件产品时,他就自然消费大件。 B14 都锦生是老牌子,丝质很柔软;也买过万事利丝绸,比较时尚。
	品牌潜力	A2 全球约 76 亿人口,人均消费蚕丝 15 克,中国人均消费蚕丝在 30 克左右,比世界水平高出一倍,但是人均消费蚕丝最高的是日本,200 多克。 A5 全国最大丝绸制成品交易中心是杭州,但凡丝绸制成品交易额全世界任何城市都无法超过杭州。杭州丝绸工业产值 2014 年是 42 亿元,杭州丝绸制成品实际交易超 150 亿元。 A92 个人觉得,杭州丝绸市场的潜力巨大,因为它是中国文化的代表之一,流淌着几千年的华夏文明历史;而且,它确实是好东西,那就更应该做强做大。

主范畴	初始范畴	数据资料语句列举
服务表现	服务周到	B16 店内服务员是一个温州小姑娘,超级热情,为我介绍了很多。即使我表示出只需要一些伴手礼,价格不要太高,并且突出杭州特色,她仍然会满心欢喜地为我介绍哪些作为国礼赠送给外宾。……小姑娘热情地帮助检查,并且更换了新的包装及礼盒,服务极为周到细致。 A36 纺织服装的终端需求进入了个性化定制的新时期。 A83 我上次去杭州丝绸城逛街,服务员很周到地提醒我要用什么洗涤、怎么晾晒,后来东西用起来很顺心,我觉得买得很值、很好。以前听说丝绸市场销售假丝绸,我都不敢单独去购买;直到自己去买,才发现只要问店员是不是桑蚕丝面料、蚕丝含量多少,人家都会如实告诉。
	服务专业	A123 店员姐姐很耐心地帮家里那位挑剔的妈妈选围巾,推荐的丝巾很称心意,专业的眼光就是好,老太太都给哄开心了。 A114 我进了两家店,规模很小,但是,产品风格和价格都深得我心。聊过之后,发现老板自己有工厂,顺带学习了不少丝绸知识,太满足了! A5 我刚去过的这家店,店员在现场做蚕丝被,薄薄的网纱一样,层层叠叠做过来,很有感觉,既买到好东西,又开了眼界。
	售后保障	B16 专卖店的产品品质有保障,为了购买质量好的桑蚕丝围巾,我特意去喜得宝丝绸专卖店,店员服务态度不错,分别为我推荐了不同价位的围巾,都是100%桑蚕丝。最后,我买了1条280元的、1条240元的和3条180元的。 C10 我是冲动消费型人群,我喜欢网购的"7天无理由退货"制度,解决了我这种人的后顾之忧。
	服务态度	A132 万事利的店员很棒,教给我们很多种丝巾的系法,很实用;还把围巾系法的小视频发了给我,很贴心。 A133 工作人员很热情地讲解,让我了解了杭州丝绸的美…… B14 接待的姐姐很客气,我挑了好多件都不满意,她会想办法帮我找库存,最后选了一位女画家的作品丝巾,很好看! B17 服务员不让拍照,怀疑是窃取商业机密,解释、沟通也说是公司规定。如果服务上能提高一个层次,会更好。
	店铺形象	A115 我挺喜欢这种古香古色的商业街,街道两旁的树木郁郁葱葱,逛起来比商场有感觉、有氛围,而且,距离地铁站近,附近还有其他批发市场和小吃店,很是方便。 B15 来之前,听人说这边高、中、低端的产品应有尽有,绸缎、雪纺和真丝特别容易混淆,需要擦亮眼睛鉴别。不过,我逛下来感觉这里的生意人比较本分,会直接告诉我——便宜的产品是什么面料,贵的又是什么面料,算不上黑心。 B12 店铺环境整洁干净,服装摆放有讲究。 B12 万事利在湖滨银泰的店铺真的很美,很有特色,一看店铺装修就好像看到了杭州和西湖。喜庆的红色、古典的设计风格、窗外玻璃动感的飘雪和三潭印月的荷花,让人站在那里看呆,久久不舍得离开那种飘着雪花的境界。 C8 杭州中国丝绸城大部分都是真丝的,当然也有其他面料(一般是便宜的,比如10块钱一条的短裤、围巾等),看中的可以问店是不是真丝,店员会如实回答是什么材料的。 C14 杭州丝绸之府购物中心不错,价格公道,服务好,关键是购物环境很舒服。

主范畴	初始范畴	数据资料语句列举
社会责任	文化传承责任	A2 丝绸是唯一承载了民族文化的纤维,关注丝绸命运的人们越来越多。
	环境保护责任	A36 我比较认同丝绸产业,因为,它是天然的,从源头就能够践行减少碳足迹的环保理念;用完了能够降解,不对环境产生负担。 A41 蚕丝是大自然的恩赐,既不涉及伤害动物,又亲肤。 A41 现在很多人追求天然、无害、健康,而面料的材质本身就是最贴身的体现。所以,天然面料——真丝绸,当之无愧也是会一直深受喜爱的。
	公益慈善责任	A7 我从新闻上看到过达利公司援建小学,感觉公司的形象很高大,连带着产品也要高出一筹。
	消费者责任	A36 数码印花最大的优点就是安全环保,因为它产生的废水量是传统印花的十分之一,这是目前最大的话题;然后,是年轻人比较关注的一个问题,工作环境得到了非常大的改善;另外,可以个性化制作,一米起,不需要制版。 A36 活性印花采用活性墨水,不仅化学成分安全,在很大程度上提高了色彩鲜亮度;而且,不易堵头,打印质量高,实现了快速喷墨印花。 A41 虽然在丝质面料打理上会各有不同的方式,我们的做法:一直都会叮嘱教育我们的客户对面料的护理和清洁方式很重要。 A69 产品标签写着成分比,这样很好,我也不是需要100%的桑蚕丝,但是我得知道我买到手的是什么。
文化内涵	历史属性	A1 杭州丝绸有着五千多年的产业历史,是现存最悠久的传统产业了吧。 A92 杭州丝绸历史悠久,我对有文化的东西有一种敬仰感。 B11 杭州是丝绸的发源地,有着悠久的历史和丝绸文化。
	文化寓意之符号意义象征寓意	A2 蚕丝是唯一承载了民族文化的纤维。丝绸蕴含民族的文化元素,中华民族复兴的期待。我们说要振兴丝绸,事实上,是说要引领国际时尚。因此,需要创意和设计符合丝绸的高档身份,比如爱马仕级别的品牌,同时,需要可以接受的价格,让消费者乐于多分享。这就意味着,要从两头来振兴丝绸:一是提升——品牌国际化,产品时尚化;二是降本——养蚕产业化,缫丝智能化。前者是品牌成就的独特性,后者是纤维获得的独特性,至于其他环节,如织造、整理、裁剪、缝纫等与兄弟纤维并无差别,丝绸的症结在两头。 A19 真丝因其天生丽质,很容易做出高雅制品。 A66 说起丝绸,大众的脑海里多会出现富太太、高档旗袍、绸布店等形象,此外还有大红、大紫的各种艳丽的颜色。说明丝绸已经被电视剧里的传统纹样、颜色、花型、用途等固化成一种符号,这可能是丝绸消费一直难以扩大的一个约束力。 A67 丝绸太昂贵了!在古代,它是贵族和富贵的象征。丝绸产品给我的感觉也是高品质生活的象征,是身份和地位的象征。 A72 丝绸是人的文化修养的标识。 A73 丝绸是一种身份象征,凸显个人气质。社交需要的时候,我都穿真丝衣服参加。 A80 送人用!这种高档的东西,送人有面子。 A84 丝绸自带古典韵味,穿上很有气质。 A91 我觉得使用丝绸产品,是对丝绸文化的一种认可,它毕竟是中国的传统产业,有千年的历史,是皇家贵族的象征。 A128 杭州人嫁女儿多多少少都要买些都锦生丝绸才够有面子。 B3 礼盒包装不错,送人绝对有面子。 B5 面料柔软、舒服,很上档次。 B18 今天要选礼品赠给台湾客户,闲逛来到湖滨银泰In77凯喜雅丝绸,看到五星出东方系列产品,简直太漂亮了!凯喜雅丝绸不愧为国礼,做的东西很有文化。 C6 好美好美,感觉披上(丝绸围巾)像仙女一样,古典韵味瞬间出来了。

（续表）

主范畴	初始范畴	数据资料语句列举
文化内涵	文化载体	A82 我去过杭州中国丝绸博物馆,博物馆里有丝绸做的鞋子,日常家用的很多东西都是丝绸的。 A23 丝博会就是立意要打造一个为丝绸产业服务的平台,让产业链各相关环节来演戏。 B15 白居易的《杭州春望》道出了唐时杭州丝绸水准之高,与当时的名酒梨花春齐名。
整体评价	情感倾向	A2 丝绸是典型的中国元素,是中华民族的骄傲。杭州丝绸致力于做大做强,我觉得很了不起。 A43 看到别人在丝绸市场买到假的丝绸产品,媒体都报道出来了,那么我有理由怀疑整个市场都存在假货。 A45 我觉得杭州丝绸整体挺好的,做工和价格都不错。 A65 我认同杭州丝绸,它的产品种类相当丰富,从服装服饰到工艺礼品,一圈逛下来,什么都有了,这也是产业集中的好处吧。 A93 杭州丝绸比较有名气,所以,感觉杭州丝绸才正宗。 A114 纯粹是《锦程东方》、南浔之后的"丝绸后遗症",感觉杭州丝绸、浙江丝绸比较正宗。 A131 年前买了几条丝绸拉绒冬天用的围巾,觉得又稀奇又喜欢。 B8 外地朋友到杭州说起来购买杭州丝绸,我都带他们去逛杭州丝绸市场,因为那里各种档次、品牌的东西比较齐全,基本都能淘到满意的东西。 B18 第一次买丝巾时还没有什么感觉,这次才真正发现,杭州丝绸原来做得那么有内涵,值了!
	理性认知	A68 平心而论,杭州丝绸一直走在全国丝绸行业的前端。 B10 每次出国都会带点礼品,杭州丝绸比较有名气,特别是都锦生织锦,文化产品拜访好友显得比较有品位。 A120 不会因为打理麻烦就觉得不好——如果不皱,那可就不是真丝了。
参与行为	趋近	A53 我喜欢购买万事利、喜得宝等品牌的杭州丝绸,大品牌的东西用着质量上省心,也会推荐身边的朋友购买。 A86 我经常在这里买丝绸产品,对它们的质量、价格很放心;因为自己不会鉴别真假丝绸,没有熟人带着,可是不敢买的。 A94 杭州丝绸产业的文化底蕴非常深厚,让我感觉一是它正宗,二是使用杭州丝绸产品有着发扬光大我们中华文化的意义,我会一直用。 A99 我知道丝绸产品很娇贵,但是,它舒适健康啊,所以,就算不经穿,也不妨碍我对它的一如既往的喜欢,还会继续购买。 A133 摸起来非常丝滑,就给妈妈和自己各买了一条,以后还会再来的。 B16 我买了两条丝巾,一条印有西湖十景,另一条是长丝巾作为搭配。 A74 我从心底喜欢杭州丝绸,所以,不仅自己经常购买,也经常带朋友们一起去买。
	趋远	A63 杭州丝绸的水太深了,看到过报道,说丝绸博物馆、丝绸展示购物中心售卖的蚕丝被,其价值仅仅是价格的三分之一,感觉很亏,而街边摊里的假货太多,不敢买。

注：A＊表示第＊位受访者回答时的原始语句,A1～A166；B＊表示从大众点评、天猫官方旗舰店和京东商城平台摘录的第＊位评论人的原始语句,B1～B19；C＊表示从媒体摘录的第＊位报道的原始语句,C1～C52

附录2 调查问卷

尊敬的女士/先生：

您好！这是一份学术研究用问卷，旨在了解您对"杭州丝绸"的认知状况。烦请您在百忙之中帮忙完成。问卷中的问题都无所谓对或错，您只需按照真实想法作答。您的资料完全保密。感谢您的合作和付出宝贵的时间！

注意：问卷中涉及的丝绸面料泛指服用真丝面料。

东华大学服装与艺术设计学院

第一部分 请根据您对"杭州丝绸"的看法，在右侧数字上打√。其中，数字1～5分别代表对左侧表述的认可程度：1—完全不同意；2—同意；3—不确定；4—同意；5—完全同意。

一	您对丝绸产品的了解程度	完全不同意 ←→ 完全同意				
1	我会鉴别丝绸织物的质量	1	2	3	4	5
2	我对丝绸织物的性能特点比较了解	1	2	3	4	5
3	我比身边的人更了解丝绸织物的特征	1	2	3	4	5
4	我具有购买使用杭州丝绸产品的相关经验	1	2	3	4	5
5	我知道有关丝绸织物洗涤保养方面的知识	1	2	3	4	5
二	您对杭州丝绸关联信息的认知	完全不同意 ←→ 完全同意				
6	关于杭州丝绸的媒体报道多数是正面的	1	2	3	4	5
7	杭州丝绸在宣传推广方面做得很好	1	2	3	4	5
8	我有多种渠道了解杭州丝绸	1	2	3	4	5
9	杭州丝绸行业企业能及时妥善地处理负面信息	1	2	3	4	5
三	您对杭州丝绸产品表现的认知	完全不同意 ←→ 完全同意				
10	杭州丝绸产品具有较高的质量	1	2	3	4	5
11	杭州丝绸产品具有较高的性价比	1	2	3	4	5
12	杭州丝绸产品的设计创新能力较好	1	2	3	4	5
13	杭州丝绸产品具有良好的性能	1	2	3	4	5
四	您对杭州丝绸服务表现的认知	完全不同意 ←→ 完全同意				
14	杭州丝绸店铺形象优良	1	2	3	4	5
15	杭州丝绸销售人员能够顾及到顾客的需求	1	2	3	4	5
16	杭州丝绸销售人员的服务态度很好	1	2	3	4	5
17	杭州丝绸能够为产品和服务提供售后保障	1	2	3	4	5
18	杭州丝绸销售人员的专业能力良好	1	2	3	4	5

（续表）

五	您对杭州丝绸品牌表现的认知	完全不同意 ←→ 完全同意				
19	杭州丝绸拥有知名的企业品牌	1	2	3	4	5
20	杭州丝绸企业品牌的名称和图标易识别	1	2	3	4	5
21	杭州丝绸企业品牌的定位比较合理	1	2	3	4	5
22	杭州丝绸多样化的品牌能够满足不同消费者	1	2	3	4	5
六	您对杭州丝绸行业企业社会责任感的认知	完全不同意 ←→ 完全同意				
23	杭州丝绸行业企业比较重视环境保护	1	2	3	4	5
24	杭州丝绸行业企业重视维护消费者责任	1	2	3	4	5
25	杭州丝绸行业企业对发扬丝绸文化有重要贡献	1	2	3	4	5
七	您对杭州丝绸文化内涵的认知	完全不同意 ←→ 完全同意				
26	杭州丝绸有着悠久的产业历史	1	2	3	4	5
27	杭州丝绸文化载体的形式是多种多样的	1	2	3	4	5
28	杭州丝绸具有丰富的文化寓意	1	2	3	4	5
八	您对杭州丝绸的情感倾向	完全不同意 ←→ 完全同意				
29	我认为杭州丝绸比较正宗	1	2	3	4	5
30	杭州丝绸如果消失会令我遗憾	1	2	3	4	5
31	我比较喜欢杭州丝绸	1	2	3	4	5
九	您对杭州丝绸的理性认知	完全不同意 ←→ 完全同意				
32	杭州丝绸具有优质的名声	1	2	3	4	5
33	杭州丝绸具有很高的知名度	1	2	3	4	5
34	杭州丝绸具有高度的消费者评价	1	2	3	4	5
十	您对杭州丝绸的行为意愿	完全不同意 ←→ 完全同意				
35	我愿意再次购买杭州丝绸产品	1	2	3	4	5
36	我乐于向他人推荐杭州丝绸	1	2	3	4	5
37	我非常拥护杭州丝绸	1	2	3	4	5

第二部分　请您在阅读关于丝绸面料性能特点的材料后,选择了解的程度与满意度评价:

1. 舒适性。真丝绸面料容易吸收汗液,放出气态水,从而调节体温,解除湿闷感;蚕丝织物具有冬暖夏凉之感,保暖性与导热性俱佳;丝绸面料的亲肤性良好,手感细腻滑爽,触感柔软;抗静电性能良好。

2. 美观性。桑蚕丝纤维具有特殊截面结构,光线反射之后容易产生优美而柔和的光泽;真丝绸面料悬垂性良好,穿着合体贴身,容易在人体表面形成优美的曲面造型;蚕丝是长纤维,真丝面料不易起毛起球;抗皱性较差,穿着后容易产生折痕,影响外观品质。

3. 耐用性。日光强晒容易导致蚕丝纤维发黄、脆化;真丝织物的尺寸稳定性较差,水洗后容易缩水、变形;蚕丝纤维光滑,摩擦系数小,受力部位容易滑脱、纰裂;现代丝绸印染工艺使丝绸面料的色牢度已经比较稳定。

4. 保健功能。真丝绸面料能够快速吸收并排除皮肤表面的汗液与分泌物,从而使皮肤干爽清洁,有效抑制细菌的产生;蚕丝纤维具有防御紫外线辐射、治疗皮肤瘙痒等功能;蚕丝纤维的回潮率为11%左右,贴身穿着,有助于维持皮肤中水分的含量。

5. 使用便利性。①洗涤:丝绸面料适合中性洗涤剂,水洗时不宜强力搓洗及拧干,要通风晾干,不能暴晒;②打理:水洗受湿易皱,高温熨烫易被损伤,日常打理需仔细;③存放:要防潮湿,防暴晒,防虫蛀,防重压。

性能	条款内容	对此属性的了解程度: 很不了解←→很了解					对此属性的满意度: 很不满意←→很满意				
1. 舒适性	吸湿性能	1	2	3	4	5	1	2	3	4	5
	放湿性能	1	2	3	4	5	1	2	3	4	5
	透气性能	1	2	3	4	5	1	2	3	4	5
	导热性与保暖性	1	2	3	4	5	1	2	3	4	5
	刚柔性能	1	2	3	4	5	1	2	3	4	5
	抗静电性能	1	2	3	4	5	1	2	3	4	5
	亲肤性能	1	2	3	4	5	1	2	3	4	5
2. 美观性	光泽	1	2	3	4	5	1	2	3	4	5
	悬垂性能	1	2	3	4	5	1	2	3	4	5
	抗起毛起球性能	1	2	3	4	5	1	2	3	4	5
	抗皱性	1	2	3	4	5	1	2	3	4	5
3. 耐用性	耐光性	1	2	3	4	5	1	2	3	4	5
	尺寸稳定性(保形性)	1	2	3	4	5	1	2	3	4	5
	勾丝纰裂(强度)	1	2	3	4	5	1	2	3	4	5
	色牢度	1	2	3	4	5	1	2	3	4	5
4. 保健功能	防螨、抑菌、抗过敏	1	2	3	4	5	1	2	3	4	5
	保护皮肤、养颜	1	2	3	4	5	1	2	3	4	5
	天然、健康、环保	1	2	3	4	5	1	2	3	4	5
5. 使用便利性	洗涤不便	1	2	3	4	5	1	2	3	4	5
	不易打理	1	2	3	4	5	1	2	3	4	5
	存放麻烦	1	2	3	4	5	1	2	3	4	5

6. 请您对服用丝绸面料五项属性的重要性排序,将数字 1～5 分别填入括号:1—很不重要;2—不重要;3 一般;4—重要;5—很重要

（　　）舒适性　（　　）美观性　（　　）耐用性　（　　）保健功能

（　　）使用便利性

第三部分　个人基本信息与杭州丝绸

1. 您的性别:□男　　□女

2. 您的年龄:□25 岁及以下　　□26～35 岁　　□36～45 岁　　□46～55 岁
□56～65 岁　　□66 岁及以上

3. 您目前工作(单位)的性质:□企事业单位　　□政府机构、行业协会　　□个体工商户、
自由职业者　　□农民　　□学生　　□离退休人员
□其他(＿＿＿＿＿＿＿＿)

4. 您的月收入:□3500 元及以下　　□3501～6000 元　　□6001～10 000 元
□10 000 元以上

5. 您的教育程度:□大专及以下　　□本科　　□研究生及以上

6. 您在杭州生活的时间:□1 年以下、游客　　□1～3 年　　□4～10 年　　□11～20 年
□20 年及以上

7. 您了解"杭州丝绸"的主要渠道(可多选):
□纸质媒介(报纸、杂志、专业文献等)　　□电子媒介(电视、广播、网站、微信、微博)
□人(专业人士、朋友、同学等)　　□事物(公共场所、各类活动、会议)　　□其他(请补充)

8. 您若使用以下杭州丝绸产品,希望蚕丝纤维的含量达到多少:

　① 蚕丝被:□50%　　□60%　　□70%　　□80%　　□90%　　□100%

　② 睡　衣:□50%　　□60%　　□70%　　□80%　　□90%　　□100%

　③ 织　锦:□50%　　□60%　　□70%　　□80%　　□90%　　□100%

　④ 杭　缎:□50%　　□60%　　□70%　　□80%　　□90%　　□100%

9. 您知道右侧面两个图标所代表的意义吗?
　① □ 知道＿＿＿＿＿　　□ 不确定　　□ 不知道
　② □ 知道＿＿＿＿＿　　□ 不确定　　□ 不知道

10. 以下哪些品牌属于"杭州丝绸",请您打√
选择:

问卷到此结束,再次感谢您的支持,祝您生活顺心,工作顺利!

参 考 文 献

［1］朱丽叶·M.科宾，安塞尔姆.L.施特劳斯.质性研究的基础:形成扎根理论的程序与方法［M］.朱光明,译.重庆:重庆大学出版社,2015.

［2］陈向明.质的研究方法和社会科学研究［M］.北京:教育科学出版社,2000.

［3］贾君君,聂开伟,夏羽,等.丝绸面料展示方式对视觉认知评价的影响［J］.丝绸,2016,53(3):41-45.

［4］张晓夏.基于神经生理学的丝织物手感认知机理研究［D］.苏州:苏州大学,2015.

［5］岳静,张晓夏,王国和.认知行为学在丝绸触感评价方面的应用研究［J］.丝绸,2014,51(9):23-27.

［6］黄小敏,汪逸婧,宋晓娟,等.消费者对丝绸礼品的心理认知因素分析［J］.现代丝绸科学与技术,2011,26(4):129-130.

［7］Sun J J, Shi R, Li G H, et al. Research on consumer's cognitions of silk products［C］//Advanced Materials Research. Trans. Tech. Publications, 2011, 175: 1024-1029.

［8］陈文虎.丝绸消费实证调查与市场发展预测［D］.苏州:苏州大学,2006.

［9］沈锦玉,孙杰,周栋材.蚕丝被质量评价方法及选购建议［J］.纺织科技进展,2016(9):31-33.

［10］柳小芳,季晓芬,汪洁,等.丝绸服装的感知质量研究［J］.丝绸,2007,44(12):49-52.

［11］徐强,甘应进.丝绸服装设计影响因素分析［J］.四川丝绸,2008(3):41-42.

［12］罗晓文,马冬阳,李俊.丝绸制品终端渠道营销策略研究［J］.西南师范大学学报(自然科学版),2014,39(12):100-106.

［13］高颖.基于顾客感知价值的国内丝绸消费市场研究［D］.广州:暨南大学,2011.

［14］李敏.基于新型功能针织面料舒适性评价［D］.上海:东华大学,2010.

［15］孙菲菲,李俊,韩嘉坤.基于织物物理性能的服装舒适感觉的评价与预测［J］.纺织学报,2006(11):82-85.

［16］程宁波,吴志明.服装压力舒适性的研究方法及发展趋势［J］.丝绸,2019,56(3):38-44.

［17］刘琼.服装湿热舒适性影响因素及评价方法探讨［J］.染整技术,2018,40(2):2-4.

［18］周建仁,张继民,韦伟,等.真丝床上用品面料的性能研究［J］.丝绸,2014,51(5):54-57.

［19］宋英莉,刘静伟.服装舒适性综合测试与评价体系探讨［J］.郑州轻工业学院学报(社会科学版),2009,10(4):58-60.

［20］王强,甘应进.浅谈服装舒适性研究的现状与发展趋势［J］.山东纺织科技,2005(1):34-36.

［21］孙斌.关于服装舒适性的评价与研究［J］.山东纺织经济,2009(4):93-95.

［22］袁观洛,张怀珠,吴子婴.论丝织物的舒适性(一)［J］.浙江丝绸工学院学报,1987,4(4):13-18.

［23］袁观洛,吴子婴,张怀珠.丝织物吸湿放热特性的研究［J］.浙江丝绸工学院学报,1991,8(3):24-29.

［24］李栋高,蒋跃兴.真丝绸服装内小气候状态特征分析［J］.苏州丝绸工学院学报,1994,14(4):44-50.

［25］杨明英.丝绸服饰舒适保健功能的研究［D］.杭州:浙江大学,2001.

[26] 储呈平,盛家镛,林红,等. 新型多功能丝绵被的研制与开发[J]. 丝绸,2003,40(12):8-11.

[27] 沈婷婷,袁观洛,尚笑梅,等. 绢纺织物结构参数对热湿舒适性影响的研究[J]. 浙江工程学院学报,1999(4):286-293.

[28] 曹海建,钱坤,盛东晓. 浅谈服装面料的穿着舒适性[J]. 纺织科技进展,2008(2):78-79.

[29] 何芳,周静宜. 平纹织物湿舒适性能的研究[J]. 天津工业大学学报,2011,30(1):32-35.

[30] 罗璐. 探究女装合体性裁剪对中国当代女装美观化设计的影响[D]. 西安:西安工程大学,2014.

[31] 姚穆,周锦芳,黄淑珍,等. 纺织材料学[M]. 2 版. 北京:中国纺织出版社,2003.

[32] 许磊,张蓉. 固色剂 SE 对真丝织物抗皱性能的影响[J]. 丝绸,2014,51(4):27-30.

[33] 蔡祖武,李启光,杨爱琴. 活性染料及其真丝绸印染工艺探讨[J]. 染料与染色,2003,40(3):156-159.

[34] 孔育国. 论蚕丝与真丝织物具有保健功能的科学性[J]. 四川丝绸,2006(2):19-22.

[35] 刘慧,徐英莲. 纳米 ZnO 整理对蚕丝织物抗紫外线性能的影响[J]. 纺织学报,2016,37(7):104-108.

[36] 冷绍玉. 服装功能研究综述[J]. 丝绸,1988(7):34-36.

[37] 万琼,胡绮. 蚕丝蛋白的开发及综合应用概述[J]. 现代丝绸科学与技术,2012,27(3):111-113.

[38] 何中琴. 丰富多彩的蚕丝产品系列[J]. 国外丝绸,1998(1):26-28.

[39] 汪学骞,季晓玲,谢维源. 服用织物的防菌性研究[J]. 纺织学报,1989,10(6):31-32.

[40] 汪学骞,金世伟. 织物弯曲性能的测试及基本风格的分析[J]. 纺织学报,1999,20(5):10-12.

[41] 许才定,梁向群. 初论蚕丝与真丝织物的保健功能[J]. 丝绸,1995,32(12):54-57.

[42] 陆蔷薇. 真丝压褶服装的形态塑造[D]. 上海:东华大学,2013.

[43] 顾金山. 蚕丝蛋白对人体的营养作用[J]. 丝绸,1990,27(9):24.

[44] 欧佩玉. 调温保暖型丝绸面料的研究与开发[D]. 苏州:苏州大学,2015.

[45] 欧阳静. 真丝服装的保健功用[J]. 江苏丝绸,2002(6):42-44.

[46] 毛莉莉. 真丝针织服装的绿色保健功能[J]. 丝绸,1999,36(3):54-54.

[47] 李琼舟,王国书. 保健型老年丝绸 T 恤设计思考[J]. 丝绸,2014,51(2):47-50.

[48] 李琼舟. 丝绸在中老年服装设计中的创新运用[J]. 丝绸,2012,49(5):33-36.

[49] 蒋卫华. 蚕丝/涤纶短纤维混纺纱及其针织物的性能研究[D]. 无锡:江南大学,2008.

[50] 于永霞,余武昌,邱长玉,等. 广西消费者对蚕丝被的认知及市场需求调查报告[J]. 丝绸,2014,51(10):75-79.

[51] 李建琴,张艺千. 丝绸消费主体特征及消费行为研究[J]. 中国蚕业,2019,40(3):36-41.

[52] 高元元. 丝绸产品消费特征及消费认知的研究[J]. 浙江纺织服装职业技术学院学报,2012(3):14-16.

[53] 王铭琦,吴佳莲. 华东地区丝绸产品消费者行为研究[J]. 北京服装学院学报(自然科学版),2012,32(3):47-56.

[54] 徐凤梅. 精心培育丝绸消费市场　实现蚕桑业的可持续发展[J]. 江苏蚕业,2006(2):1-3.

[55] 李朝胜. 接轨、创新、开拓"中国丝绸品牌"之路[J]. 江苏丝绸,2012(3):1-3.

[56] 石锐. 国内丝绸品牌认知与消费者购买意向建模研究[D]. 苏州:苏州大学,2012.

[57] 王云仪,徐宁宁,金向鑫. 丝绸家纺的消费者调查及营销策略优化研究[J]. 丝绸,2013,50(1):67-70.

[58] 余连祥. 中国丝绸文化概述[J]. 湖州师专学报,1994(4):68-76.

[59] 钱小萍. 丝绸文化的主要特征[J]. 丹东师专学报,2001(1):49-51.

[60] 黄为放. 丝绸文化中国文化知识读本[M]. 吉林:吉林文史出版社,2010.

[61] 张建宏. 论丝绸的文化隐喻与符号特征[J]. 丝绸,2011,48(9):50-53.

[62] 罗铁甲,张毅,徐铮,等. 复兴中国蚕桑丝织技艺构建中国丝绸文化遗产综合保护体系[J]. 中国文化遗产,2011(3):48-49.

[63] 陈敏之,张会巍,丁笑君,等. 杭州丝绸与女装产业关键技术挖掘与提炼——丝绸与女装文献热点研究[J]. 丝绸,2010(12):53-56.

[64] 刘宏伟.《史记》与丝绸文化[J]. 渭南师范学院学报,2016,31(01):47-52.

[65] 解晓红.《搜神记》与丝绸文化[J]. 丝绸,2008,45(6):56-57+61.

[66] 金菊华,司伟. 苏州地名中的丝绸故事[J]. 江苏丝绸,2007(5):47-49.

[67] 冯盈之.《说文解字》"糸部"丝绸文化探析[J]. 丝绸,2007,44(8):69-71.

[68] 李改行. 中国元素在丝绸服饰文化营销中的运用[D]. 苏州:苏州大学,2012.

[69] 鲍睿琼. 浅析丝绸文化融入大学生思想政治教育的有效路径[J]. 江苏丝绸,2018(3):33-35+25.

[70] 黎小萍,徐宁,胡桂萍,等. 蚕桑丝绸文化与乡村旅游业的融合研究[J]. 蚕桑茶叶通讯,2016(5):9-12.

[71] 张宏伟. 南充茧丝绸现状及对策分析[J]. 丝绸,2009,46(8):5-6.

[72] 张艺千,李建琴. 基于Logit模型的丝绸消费意愿研究[J]. 丝绸,2019,56(5):26-33.

[73] 徐铮,袁宣萍. 杭州丝绸史[M]. 北京:中国社会科学出版社,2011.

[74] 程长松. 杭州丝绸史话[M]. 杭州:杭州出版社,2002.

[75] 顾希佳,何王芳,袁瑾. 杭州社会生活史[M]. 北京:中国社会科学出版社,2011.

[76] 杭州丝绸控股集团公司. 杭州丝绸志[M]. 杭州:浙江科学技术出版社,1999.

[77] 翁卫军. 杭州丝绸:东方艺术之花[M]. 杭州:杭州出版社,2003.

[78] 王雪颖. 东方艺术花,锦绣中华梦——都锦生织锦的热爱、传承与创新[J]. 中国民族博览,2018(1):9-10.

[79] 刘克龙. 东方艺术之花—都锦生织锦艺术探析[D]. 杭州:杭州师范大学,2011.

[80] 何云菲. 论都锦生织锦艺术的特点[J]. 丝绸,1999,36(8):41-42.

[81] 王其全,林敏. 杭州非物质文化遗产之振兴祥中式服装制作技艺[J]. 浙江工艺美术,2009,35(2):94-97.

[82] 吕昉,郑燕,朱小行. 杭州丝绸特征元素的调查与符号学分析[J]. 丝绸,2010,47(1):48-51.

[83] 郑喆. 杭州丝绸产品及其市场分析[J]. 丝绸,2012,49(2):65-68.

[84] 刘丽娴,沈李怡. 宗教影响下杭州丝绸及其传统纹样提炼[J]. 美术大观,2017(1):86-87.

[85] 任铖. 二十世纪杭州古香缎纹样研究[D]. 杭州:中国美术学院,2018.

[86] 白志刚. 杭州现代丝绸制品传统纹样研究[J]. 科技创新导报,2009(3):212+214.

[87] 费建明. 2013杭州丝绸蓝皮书[M]. 杭州:中国美术学院出版社,2013.

[88] 张汝民,樊峥,孟桂芳. 回望长庆:杭州下城区长庆街道[M]. 杭州:杭州出版社,2005.

[89] 查志强. 基于产业集群的杭州丝绸产业国际竞争力研究[J]. 丝绸,2006,43(4):1-3.

[90] 胡丹婷,叶春霜,成蓉. 杭州弘扬"丝绸之府"的产业基础分析[J]. 丝绸,2007,44(1):6-9+11.

[91] 容青艳,郑小娟,洪定国. 论感知与认知的相容与对立[A]. 李平,陈向,张志林,等. 科学? 认知? 意识——哲学与认知科学国际研讨会文集[C]. 南昌:江西人民出版社,2004.

[92] 周峰,项秀文. 杭州历史丛编·民国时期杭州[M]. 杭州:浙江人民出版社,1992.

[93] [汉]司马迁. 史记[M]. 北京:中华书局出版社,1963.

[94] 任东毛. 杭州丝绸的历史渊源与文化底蕴[EB/OL]. http://www.wehangzhou.cn/wm/wmxy/ytjl/201302/t20130221_119628.html. 2013-02-21.

[95] 俞家荣. 从复制明缂丝衮服看服饰文化[J]. 浙江丝绸工学院学报,1993,10(3):73-75.

[96] 张茂元,邱泽奇. 技术应用为什么失败——以近代长三角和珠三角地区机器缫丝业为例(1860—1936)[J]. 中国社会科学,2009(1):116-132.

[97] 汤洪庆. 杭州城市早期现代化研究(1896—1927)[D]. 杭州:浙江大学,2009.

[98] 朱新予. 浙江丝绸史[M]. 杭州:浙江人民出版社,1985.

[99] 浙江省地方志编纂委员会编. 浙江省丝绸志[M]. 北京:方志出版社,1999.

[100] 程长松. 浙江丝绸史[M]. 杭州:浙江人民出版社,1985.

[101] 民国十九年《湖州月刊》第三卷第十号.

[102] 王翔. 辛亥革命期间的江浙丝织业转型[J]. 历史研究,2011(06):21-36＋190.

[103] 建设委员会调查浙江经济所编. 杭州市经济调查(下册)[M]. 台北:传记文学出版社,1971.

[104] 范金民. 清代前期江南织造缎匹产量考[J]. 历史档案,1988(4):80-87.

[105] 杭州市经济调查·丝绸篇. 浙江民国史料集刊[C]. 第一辑. 第六册. 杭州民国浙江史研究中心. 杭州师范大学选编. 北京:国家图书馆出版社,2009.

[106] 宋宪章. 司徒雷登与杭州[J]. 杭州通讯(生活品质版),2008(9):61-63.

[107] 狄筱玲. 把握特点,转变思路,稳步发展——在2011年全省春茧收购收烘工作研讨会上的讲话[J]. 江苏丝绸,2011,40(3):9-10＋14.

[108] GB/T 26380—2011:纺织品 丝绸术语[S]. 北京:中国标准出版社,2011.

[109] 李申禹,黄蓉,晁钢令,等. 外向型企业拓展内需市场的"出口目的地效应"研究[J]. 经济管理,2014(6):9.

[110] 陈佳. 在线评论对消费者态度演化和购买行为的影响研究[D]. 成都:电子科技大学,2018.

[111] Boyatzis R E, Goleman D, Rhee K. Clustering competence in emotional intelligence: Insights from the Emotional Competence Inventory (ECI)[J]. Handbook of Emotional Intelligence, 2000, 99(6): 343-362.

[112] 伍威·弗里克. 质性研究导引[M]. 孙进,译. 重庆:重庆大学出版社,2011.

[113] Alba J, Hutchinson J W. Dimensions of consumer expertise[J]. Journal of Consumer Research, 1987(13):411-454.

[114] Fishbein M, Ajzen I. Belief, Attitude, Intention and Behavior: An Introduction to Theory and Research[M]. Reading, MA: Addison-Wesley, 1975.

[115] Gronroos C. A service quality model and its marketing implications[J]. European Journal of Marketing, 1984, 18(4):36-44.

[116] 李立清,李燕凌. 企业社会责任研究[M]. 北京:人民出版社,2005.

[117] 刘华平,肖丽,王其来,等. 丝绸企业社会责任评价指标体系的建设[J]. 丝绸,2009,46(6):1-5.

[118] 钱小萍. 丝绸文化的主要特征[J]. 丹东师专学报,2001,23(1):49-51.

[119] 孙凯. 移动互联网环境下品牌信息内容呈现对消费者参与的影响研究[D]. 长春:吉林大学,2016.

[120] 陈俊. 社会认知理论的研究进展[J]. 社会心理科学,2007,22(1):59-62.

[121] Bandura A. Self-effecacy: Toward a unifying theory of behavioral change[J]. Psychological Review,

1977，84（2）：191-215.

[122] Bandura A. Social Foundations of Thought and Action：A Social Cognitive Theory[M]. Englewood Cliffs，NJ：Prentice-Hall，1986.

[123] Bandura A. Human agency in social cognitive theory[J]. America Psychology，1989，44（9）：1175-1184.

[124] Bandura A. Social cognitive theory：An agentic perspective[J]. Annual Review of Psychology，2001，52：1-26.

[125] 杜琰琰. 顾客和员工双方情绪对服务责任归因的影响——基于顾客参与背景的研究[D]. 上海：复旦大学，2012.

[126] Deci E L，Ryan R M. Intrinsic Motivation and Self-Determination in Human Behaviour[M]. New York：Plenum Press，1985.

[127] Lazarus R S，Susan F. Stress Appraisal and Coping[M]. New York：Springer Publishing Company，1984.

[128] Mayhew B W，Schatzberg J W，Sevcik G R. The effect of accounting uncertainty and auditor reputation on auditor objectivity[J]. Auditing：A Journal of Practice & Theory，2001，20（2）：49-70.

[129] 李延喜，吴笛，肖峰雷，等. 声誉理论研究述评[J]. 管理评论，2010，22(10)：3-11.

[130] Schwaiger M. Components and parameters of corporate reputation—An empirical study[J]. Schmalenbach Business Review，2004，56(1)：46-71.

[131] 高鸿业. 西方经济学（微观部分）[M]. 北京：中国人民大学出版社，2007.

[132] Ackerloff G. The market for lemons：Quality uncertainty and the market mechanism[J]. Quarterly Journal of Economics，1970（84）：488-500.

[133] Mishra S，Umesh U N，Stem D E. Antecedents of the attraction effect：An information - processing approach[J]. Journal of Marketing Research，1993，30(8)：331-349.

[134] Brucks M. The effect of product class knowledge on information search behavior[J]. Journal of Consumer Research，1985，2(1)：1-16.

[135] Brucks M. A typology of consumer knowledge content[J]. Advances in Consumer Research，1986（13）：58-63.

[136] 何庆丰. 品牌声誉、品牌信任与品牌忠诚关系研究[D]. 杭州：浙江大学，2006.

[137] 董超. 老字号企业声誉及其驱动因素、顾客忠诚的关系研究[D]. 上海：东华大学，2016.

[138] 刘靓. 企业声誉的构成及其驱动因素测量研究[D]. 杭州：浙江大学，2006.

[139] 刘志刚. 消费者视角的企业声誉定量评价模型研究[D]. 杭州：浙江大学，2005.

[140] 项保华. 我国企业技术创新动力机制研究[J]. 科研管理，1994，15(1)：44-49.

[141] 黄春新. 基于消费者感知的企业声誉影响因素研究[D]. 杭州：浙江大学，2005.

[142] 汪凤桂，戴朝旭. 企业社会责任与企业声誉关系研究综述[J]. 科技管理研究，2012：237-241.

[143] Desai P S，Kalra A，Murthi B P S. When old is gold：The role of business longevity in risky situations[J]. Journal of Marketing，2008，72(1)：95-107.

[144] 文爽. 长白山人参区域品牌形象维度识别及测量的实证研究[D]. 吉林：吉林财经大学，2013.

[145] Schwaiger M. Components and parameters of corporate reputation—An empirical study [J].
Schmalenbach business review，2004，56(1)：46-71.

[146] Zeithaml V A，Berry L L，Parasuraman A，et al. The behavioral consequences of service quality[J].
Journal of Marketing，1996，60(2)：31-46.

[147] 卢良栋. 汽车召回事件对消费者行为意愿的影响分析[D]. 合肥：中国科学技术大学，2016.

[148] 徐双庆. 企业声誉对消费者忠诚影响机理分析[D]. 杭州：浙江大学，2009.

[149] 史小强. 地方政府全民健身公共服务绩效：评估模型构建、实证分析与提升路径[D]. 上海：上海体育
学院，2017.

[150] 董海军. 社会调查与统计[M]. 武汉：武汉大学出版社，2009.

[151] 罗胜. 电子商务环境下化妆品消费者冲动型购买行为研究[D]. 广州：华南理工大学，2018.

[152] 刘怀伟. 商务市场中顾客关系的持续机制研究[D]. 杭州：浙江大学，2003.

[153] 候杰泰，温忠麟，成子娟. 结构方程模型及其应用[M]. 北京：教育科学出版社，2004：12-147.

[154] 袁观洛，张怀珠，吴子婴. 论丝织物的舒适性(一)[J]. 浙江丝绸工学院学报，1987，4(4)：13-18.

[155] 张萍，于学智，陆欣. 服用织物的穿着舒适性及其产品开发[J]. 纺织导报，2005(3)：65-69.

[156] 商蕾. 粘合衬及粘合工艺对服装外观性能影响的研究[D]. 青岛：青岛大学，2004.

[157] 从佳佳，吴传清. 集群声誉租金、集体行动和区域产业集群品牌监管[J]. 学习与实践，2010(6)：
19-27.

[158] 李琼舟. 丝绸在中老年服装设计中的创新运用[J]. 丝绸，2012(5)：33-36.

[159] 裘愉发. 丝绸产品的开发(一)——真丝绸产品的开发[J]. 丝绸，2010，47(3)：65-66.

[160] 多米尼克·古维烈. 时尚不死？关于时尚的终极诘问[M]. 治棋，译. 北京：中国纺织出版社，2009.

[161] 刘海莹. 会展品牌建设须内化于心[N]. 中国贸易报，2016-12-20(005).

[162] 中国丝绸协会. 高档丝绸标志介绍[EB/OL]. http://www.silk.org/gdscbz/bzjs/.2018-4-03.